# 九個民族 
# 在一班

李學華 著

我們之間有三層關係

一是同胞

二是袍澤

三是戰友

# 推薦序一

初識學華戰友，是在中研院朱浤源教授為覃戰友怡輝博士所著《金三角國軍血淚史》的新書發表會上，他坐在我左邊先我發言讓我耳目一新，講話時溫文儒雅，有條不紊，思路清晰；且言之有據，言之有理，言之有物……午餐後雖有短暫的交談，返回不久，收到他寄來的一本新作《走過金三角》打開一看，竟讓我在欲罷不能的情景下把它很快讀完。由其寫作的內容中不難發現他心靈意境與視覺感受的圖像，文字意涵的內容……可以說隱喻深刻，意象新穎，且在緊張刺激時刻戛然而止，給人有種吊人口味的感受！讓你不得不「且聽下本分解」的期待！

但凡在泰緬邊區與生死搏鬥過的戰友們，都有過說不出口的辛酸與難言！雖有少數的著作，但總有著一種隔靴搔癢的感受。五六十年的陳年往事，雖已灰飛煙滅；但在學華戰友廣泛蒐集，縝密考證，豐富想像，縱橫探索，客觀評價後，又產生他的《九個民族在一班》的第二本著作。

中華民族經過無數次歷史大災難的沉重打擊後，我們冷靜客觀地審視一下由「過去的五族共和」到今天的「各民族平等」的廣泛接納，其進步之速與包容之廣，可算是完美多了，其內部的矛盾仍然無法全部消除，但亦屬難能可貴了！俗話說「只怕站不怕慢！」「雖然不一定做得好，但一定往好處去做；雖然不一定做到盡善盡美，但一定全力朝著這各方向去努力！」將來的成功勝利是屬於我們中華民族的。

《九個民族在一班》著者說得好：在國軍成軍史上，恐怕是絕無僅有的，應該是空前絕後的特殊團隊，誠曰斯言，但凡民族繁多的組織，貴在其內部管理的謹小慎微與抑下不偽的領導統御的高度講求；如何發揮所長而棄其所短，至為重要！否則信心一旦失守而導致內部摩擦，其後果就不難想像了！因此，誠信之堅定不移，沉穩的折衝絕不可少，俾資平時戰時秋毫無犯。紀嚴意善，和睦相處，個個戰技絕倫驍勇出眾，發揮統合戰力，民族既睦，眾心樂從，神通妙用，不在話下。

學華戰友有守有為，知人用人融為一體，擺脫俗套，令人心悅誠服，完美的領導魅力躍然書上，平時化導頑愚，出離生死，戰時自然戰無不勝，攻無不克，同時學華戰友亦有其恤老憐弱的特質，自當下不為例，且命我這筆鈍手抖，力不遂心的老梗型人物登台出醜了？

蔣少良於一〇三年三月廿六日

# 推薦序二

二〇一四年三月接到學華戰友快遞寄來的大作，讓我先睹為快。《九個民族在一班》這本十三萬餘字的大著作，乍看像散文式的題材，實則在傾述與追思這九個民族的革命情懷。

這些族群當年是在異域顛沛流離、叱吒風雲的英雄，而今解甲退伍後，大都已風燭殘年，族群的精神雖依舊，但已逐漸凋零，但望學華戰友的這篇著作問世之後，除能帶給讀者大眾回響外，更能啟發與喚醒這群異域歸國老榮民戰友的往日英勇事蹟。

我與學華戰友同屬「國雷」案回台的鄉親，因年齡較輕，被編在特種部隊幼年兵隊，隊中除了學華兄書中的九個民族外，還多了一個「布朗族」，一百六十九位成員中，只有四十二位可用漢語溝通，每日隊長訓話後必須靠其他隊職幹部再分別集合每個族群說明，這種狀況一直持續到國防部「女青年工作大隊」蒞部實施基礎識字教育後才稍獲改善；學華戰友這一個班，在民國四十八、九年的那個年代，五分之四人都不懂漢字，語言溝通都受到影響，又如何將五大信念及三信心等教育灌輸在每一個人的腦海中，而且學華戰友身為班長兼負帶兵、練兵、用兵的責任，其艱難程度不是今日文明世界廣大讀者能夠體會的。

我拜讀學華戰友著作後，從其淵博的學識、流暢的文詞及超強的記憶，讓我驚嘆不已，尤其是對宗教的撰述及各民族的信仰、風俗習慣的了解，分析得淋漓盡致，另對中南半島因為當年種下的因而導致今日的果，尤其在緬甸聯邦政府中，漢、傣、景、佤是主要成員，其各自均擁有武力，目前雖然彼此牽制，但若聯邦政府對問題的處理稍有不妥，必定會發生兵戎相向，造成百姓生靈塗炭，上述種種學華戰友均有精闢的剖析與說明，讓我閱讀後，頓時真不敢也不知如何下筆為其寫序。此時，腦海中突然憶起靈鷲山心道大師的「願力」、「心停」、「聞盡」等著作中，常常勉勵信徒的一段話，「當你對別人的要求不知所措時，要有慈悲與禪及迴向福田的心胸，深深的吸一口氣，從呼吸中去為別人展開宇宙星辰，祈禱與祝福其願力無往不利」，而學華戰友的大作，冥冥中獲得心道大師的佛法加持，必定能讓讀者大眾認同與回響。

學華戰友對九個民族的精神、正義及特色的描述，就如同《太史公傳》謂：「布衣之徒，設取予然諾，千里誦義，為死不顧，亦其所長」，這不就是雲南少數民族的整個寫照。

隋朝梁武帝在六道四生法會中，在信徒的乞求下，面向法會聖殿朝拜，大殿中燈燭突然不燃自明；學華兄這種不屈不撓的精神及孜孜不倦奮發努力於學術的追求，層層遞升；以其畢生所學完成了許多大著作，而這篇感人肺腑的民族情懷，必定能帶動讀者大眾進入每一個民族的領域，亦能燎然讀者大眾心中的明燈。

每一位創作者的背後必定有一位賢內助，否則誰能忍受這種廢寢忘食、晝夜不分的生活，在此也要恭喜學華戰友能得到尊夫人這隻默默的推手支持，大作方能公諸於世，我與學華戰友年齡雖然相差不大，但他的為人與修為及其謙沖的美德，不是我能比擬的，他寄來的大著作要我為他寫序，於情於理都必須在拜讀大著中寫點心得，故扼要作如上述，若未能深其體會大作精義，望其見諒。

普漢雲於一〇三年三月

# 推薦序三

五十年前，我與本書作者學華戰友同樣在滇緬邊區打游擊，因為彼此各在不同單位，所以我們並不相識。我周遭雖然也有不少的少數民族，但是我並沒有關心他們之間的差異，也鮮少去了解他們的生活方式。八年前回到泰北清萊去做當地華校的志工，常有機會到各少數民族村去參觀，我看到他們不同的服飾，不同的建築，這是很有趣的文化差異；也曾到過演藝場所，觀賞過少數民的舞蹈或歌唱的演出，也對他們的表演頗為好奇，但都只停留在欣賞，從未企圖進一步去了解不同民族之間差別，也不了解他們生活習俗等。如今看到學華戰友的大作，看他這麼用心，把他所了解的各少數民族的生活內容，分門別類的加以詳細說明，的確能大大增加我個人及讀者們的常識和知識。

一本書要問世，除了要有好文采之外，的確還需要勇氣和毅力，誠如此書作者學華戰友所說：「寫作是一件勞心又勞力的工作」，常常寫到「廢寢忘食，晝夜不分，三餐不定」的地步。不過，當難關一旦克服，所蘊育的作品終於呈現在讀者面前時，則這些辛苦都可以拋到九霄雲外；而如果這本新著進而能獲得讀者的青睞，成為一本暢銷書，那精神上所感受到的快樂和興奮，就更是不可言喻了。

學華戰友這本《九個民族在一班》，書名就很有吸引力，因為我們國軍的編制，一個班本來就只有九個人，而學華戰友的這個班，竟然會是九個人就分屬九個民族，雖然這九個民族都只是中國南方的少數民族，但是這種事情居然作能夠發生在學華戰友身上，那也真是太湊巧了，太神奇了。

學華戰友的祖籍是四川，行醫的祖父輩早年移民到緬甸，生活殷實，無奈於二戰日軍進攻緬甸時，家財盡失，而父祖俱亡於逃難回滇之途。民國三十八年底時，其家人再在其繼父的率領下，又再度逃離赤禍之難，回到滇緬邊區。學華戰友後來因緣際會參加了滇緬邊區的反共游擊部隊，曾經親身經歷過諸多戰役。回台後，曾以其生花妙筆寫成《走過金三角》大著。數年後，學華戰友再回溯其更早年的班長歲月，寫成此新著《九個民族在一班》，可謂是寶刀未老的神來之作。

學華戰友所帶領的班隊，是由傣族、回族、佤族、哈尼族、景頗族、瑤族、傈傈族、拉祜族、漢族等九個民族所組成，他說：「這在國軍史上，恐怕也是絕無僅有，應該是空前絕後的特殊班隊。」我有幸先拜讀了他的大作，對於他寫這本所用的心力，感到十分敬佩，因為他居然能將每一個族群的分佈情形、各族群的人口數、他們的信仰，以及音樂、舞蹈、婚俗、節慶等都能如此詳細敘述，尤其是各民族的食、衣、住、行都有細膩的描寫，而特別是各民族受教育情形，和他們生活的禁忌等習俗，條列式的說明，一般讀者都會感到莫大的興趣，而這對於想去了解少數民族的文化工作者，也會有很大的參考價值。

然而，無論是文化工作者或是一般的讀者，我們多讀這些民族誌或民族文化的書籍，其目的當然是想求得對這些其他大小不同民族的知識和瞭解；但是，我們又為何要追求這種瞭解和知識呢？依我看，其中很大的一個理由就是：今天世界上許多民族間的誤會、衝突和戰爭，都是因為民族之間的誤解或無知而造成的，其實這也是為什麼我們國父孫中山先生會提出民族主義的原因。但是，我們國父所提倡的民族主義和西方國家（包括被西化的日本）所提倡的民族主義不同；西方的民族主義者都是強調自己是上帝的選民、是世界上最優秀、最強大的民族，因此他們負有上帝的使命去改造、奴役或甚至去消滅其他劣等的民族；而我們國父則是繼承中國傳統文化的思想，認為人類雖有民族之別，但「天生我才，必有所用」，所以主張各民族無分大小，其地位都要一律平等。因為國父的民族主義的基本要義是如此，所以國父最初倡導革命時，雖然曾喊出「驅除韃虜」、「恢復中華」的口號，但一到革命成功後，他於民國元（一九一二）年九月三日演講〈五族協力以謀全世界全人類之利益〉時，即聲言：「今者五族一家，立於平等地位」，主張「五族共和」，「各民族一律平等」。以後到民國八（一九一九）年，國父手著〈三民主義〉

時，謂民族主義的積極目的為「漢族當犧牲其血統、歷史與夫自尊自大之名稱，而由漢、滿、蒙、回、藏之人民相見以誠，合為一爐而治之，以成一中華民族之新主義。」民國十（一九二一）年三月六日演講〈三民主義主義之具體辦法〉時，還是繼續主張「把漢、滿、蒙、回、藏五族，同化成一個中華民族，組成一個民族國家。」當我國的各民族融合成為一個更大的中華民族之後，國父的民族主義就進而主張：世界各民族之間雖有大小之別，但決不容許有以大欺小，以大滅小的事情發生。將來中國強盛之後，不但不要成為一個新的帝國，實行帝國主義去消滅別的弱國和小國，而是一定要負起「濟弱扶傾」的責任。以後，各民族經長期的和平接觸、友善往來，彼此涵化、同化，民族間的差異逐漸消失，而融合成為更大的民族時，則再建立的新的民族國家。最後，若能全世界的民族差異都完全消除，全世界再無民族國家的界限，到那時，世界上就會只有一個民族國家存在；這時候，民族主義就自然等於國際主義了，那就是世界大同的實現；只是這個日期要等很久很久就是了。

最後，希望學華戰友介紹邊區少數民族的努力，不但能打開讀者的視野，讓讀者能欣賞到少數民族的習俗與生活方式，同時也希望透過這本書的啟發，讓大家更有包容心，都能去尊重其他的民族，實現國父民族主義「民族平等」的理想，以後再進而邁向「世界大同」的境界。

覃怡輝於一〇二年十一月十二日

# 推薦序四

作者李學華同志與我系出同源，曾經都是國民革命軍的一員，但我們之間仍有差異之處：第一、我來自上海，他來自異域。第二、我安居台灣，他歷經苦難。第三、我是軍醫，他是游擊隊。第四、我的專長是教育人才，他的專長是征戰沙場。第五、我在後方，他在前線。第六、我退伍之後擔任民意代表。他退伍之後擔任公務員。而我們之間的共通點在於，我們都是退伍軍人，更是熱愛臺灣，捍衛中華民國的國民。

學華同志自台北市選舉委員會退休至今十年來，曾經寫作《選舉教戰手冊》、《走過金三角》、如今又完成《九個民族在一班》，實是所謂退而不休之最佳寫照，令人欽佩。

《九個民族在一班》這本書，所描寫的背景與內容，除讓我們了解異域游擊部隊的編組結構，部隊成員的組成份子，部隊的武器裝備種類，教育訓練，生存發展，以及官兵的生活情形，更讓我們認識與了解游擊隊員之間各個族群的歷史淵源，人口數量，分布區域，傳統文化，生活習俗，食、衣、住、行、育樂等六大民生狀況等，這在目前的台灣社會而言，的確少見，難能可貴，值得閱讀品味。

根據這本書所描寫的族群結構，我們也進一步認知到，在中華民族五十六個族群之中，究竟有多少族群定居在目前的台灣社會，不知道有無做過族群的分類？有無具體的統計數據？確是值得政府相關部門，與學者專家進一步研究探討的話題。

異域歸國老兵一生奉獻國家，出生入死，如今回歸祖國，終老台灣，卻因享有一點微薄的優惠措施，而三不五時還被某些媒體與名嘴質疑、責備，真是情何以堪！不勝唏噓！籲請大家能以開闊的胸襟，恢宏的度量，接納他們，肯定他們，尊重每一位曾為這個國家奉獻過的勇士們！

退役軍醫上校　郁慕明於一〇三年七月七日

# 自序

寫作是一件勞心又勞力的工作，付出的多，回收的少。不論晝夜與時間，一旦靈感來了，總是身不由己，欲罷不能，甚至有時到了廢寢忘食地步，晝夜不分，三餐不定，生活亂了，外出少了，運動停了，休閒沒了，真不是好玩的。它就像喝咖啡一般，一旦上癮了，不喝也難受。

在寫作《走過金三角》之後，原本打算靜下心來，安享晚年退休生活，不再自討苦吃。唯因承蒙「中華民國國雷協會」榮譽理事長蔣少良將軍（和現任理事長普漢雲將軍，同屬異域歸國後，晉升將軍的戰友），多次認為筆者預留伏筆，要戰友們拭目以待，不想讓將軍與戰友們失望，於是再次鼓起勇氣，接受新的挑戰，迎接新的考驗，避免辜負將軍和戰友們的期待。

再次披掛上陣之後，究竟寫什麼才好呢？醫學家研究發現，老年人的共同現象，「現在的事，全都記不住，過去的事，則念念不忘」，筆者也不例外，也有類似現象，因此還是寫和異域有關，使自己念念不忘的人與事，並以自己在異域擔任班長的經歷為題。或許讀者認為，班長是軍隊最小的職務，應該沒有什麼特別可言？不是老王賣瓜，自賣自誇，所介紹的內容，絕對豐富，所敘述的情節，保證精彩，一定讓讀者值回票價，歡迎一看究竟。

本書的特點在於，筆者所帶領的班隊，是由傣族、回族、佤族、哈尼族、景頗族、瑤族、傈僳族、拉祜族、漢族等，九個民族所組成，是一個族群融合的團隊，這在國軍成軍史上，恐怕也是絕無僅有，應該是空前絕後的特殊團隊。故以「九個民族在一班」為名，相信讀者可以接受。本書內容在描述，本班在異域奮鬥經歷外，也將介紹本班九個民族，過去的歷史淵源、傳統文化，現在的人口數量、分佈區域、生活習俗等，讓讀者對九個族群，能有更多的認識與瞭解。也為部分不常操作電腦，甚至很少使用網路的戰友們，留下一份實錄，留下一點回憶。

基於宗教情懷，信仰關係，筆者特在傣族篇內，簡單扼要介紹「基督教」、「伊斯蘭教」、「佛教」等全球三大宗教，及「南傳上座部佛教」的起源、發展經過、目前教徒人數、帶給人類社會的影響等。或許讀者要問，為何特別介紹「南傳上座部佛教」？因為不論是南亞的印度、斯里蘭卡、或中南半島的緬甸、泰國、寮國、柬埔寨、越南、馬來西亞、新加坡，及中國雲南，甚至遠在東亞的日本等，所有佛教信徒，都以「南傳上坐部佛教」為依歸，確有介紹的必要與價值，期能提供讀者參考。

本班九族戰士，自異域回國後，國防部基於任務考量，全部編入特種作戰部隊，所謂「特種作戰部隊」，實際上，就在二〇一三年間，由「DISCOVERY」與「NATIONAL GEOGRAPHIC」等兩大節目群，派遣製作團隊，前來台灣拍攝「台灣菁英戰士」訓練實況，其中有一位具備名模、歌手、演員、主持四棲身分的劉畊宏先生，也全程參與演出，的確難能可貴，請讀者多給他一點掌聲！該影集已透過全球電視頻道，在世界各國公開播放，揭開「台灣菁英戰士」的神秘面紗，造成海內外空前地轟動，相信讀者已經觀賞過？

所謂「台灣菁英戰士」，是一個具有三棲作戰功能的「特種作戰部隊」，簡稱為「特戰部隊」，能從陸地、海上、空中，滲透敵人後方，執行特種作戰任務。

本班九族戰士，在有生之年，認同中華民國，熱愛中華民國，回歸中華民國。從支持台灣，捍衛台灣，熱愛台灣，到落腳台灣，依靠台灣，終老台灣。始終如一，無怨無悔，甘之如飴。能有機會和九族戰士，同生死，共患難，筆者感到與有榮焉！

李學華於一〇二年十月二十五日

# 目次

# 九族
# 一班篇

## 本班編組

本班九族戰士，是由傣族、回族、佤族、哈尼族、景頗族、瑤族、傈僳族、拉祜族、漢族等九族，混合編組而成的一個班。不過事實上，僅以九個民族來形容本班，似乎還不夠貼切，該用「九又二分之一」來形容，才比較妥當。為何用「九又二分之一」來形容本班呢？原因在於本班除九族之外，還有兼具兩族血統身分的筆者，所以在「九」之後，還要加上「二分之一」這個數據，才能代表本班的完整性。本班是由「九又二分之一」族群，所組合而成的班隊，具有特殊的時代意義和背景。本班是一個民族融合的特殊班隊，也是多種民族的融合體，在當今世界各國的軍隊史上，除了法國外籍軍團外，恐怕是空前絕後的一個編組型態。

本班是一個堅強無比的團隊，原因在於本班九族戰士，都是自己族群的代表，也是自己族群的標竿，更是自己族群的模範，在教育訓練上，必須認真學習，在生活行為上，必須循規蹈矩，在工作績效上，須有驚人表現，在戰場表現上，必須冷靜沉著。各項自我要求與表現，都關係自己族群的榮辱，使九族戰士，必須凝聚在一起，精誠團結，服從命令，盡忠職守，愛護榮譽，嚴格遵守軍人對國家、責任、榮譽的三大信念。九族戰士在訓練上、生活上、工作上、戰鬥上，都能在適當時機，展露出個人最好的表現，好為自己的族群，及本班團隊，爭取最高榮譽。

本班九族戰士，是一個多民族的融合體，也是一個堅強無比的戰鬥體，原因在於本班九族戰士，每天訓練在一起，生活在一起，工作在一起，戰鬥在一起，隨時抱定為國犧牲的決心與準備，期能達到為國家盡忠，為民族盡責，為父母盡孝，始終站在國家、民族、軍隊、與任務最需要的地方。

# 本班訓練

本班編組完成之後，首要任務在於完成新兵訓練。新兵訓練中心，位在「南昆」與「猛八寮」兩地中間地帶，一處山谷之下，面積有台北市大安森林公園之二分之一。基地四面群山環繞，背面有山坡，前面有溪流，四周有森林，原本荒蕪人煙地帶，屬於原始森林處女地，經過全體接受訓練新兵，依靠萬能的雙手建造完成。從規劃、開闢、剷地、測量、定位、尋材、施工，到竣工等全程，都由全體約一百六十餘位新兵，以一個月時間打造完成。

猛八寮訓練中心，各項建築物，計有指揮官宿舍、教導總隊教官宿舍、會議室、辦公室、官兵寢室、教室、禮堂、廚房、廁所、哨所、籃球場、體能訓練場、大營門等，營區各項需求與設施，一應俱全。

猛八寮訓練中心，在師資方面，全部都由國軍特種作戰部隊教導總隊，指派人選擔任，不論訓練科目與方式，完全與台灣同步，是一個符合現代化要求的訓練中心。

猛八寮訓練中心，基地位在山谷之間，目的在為了預防緬軍戰機光臨轟炸，可是不出上級所料，在本班接受訓練期間，緬軍戰機果真多次光臨轟炸，雖然沒有造成人員傷亡，但由全體新兵一手打造的軍營，難免受到波及，好在新兵們雙手萬能，建築物毀了，繼續再建造，無法阻止我們受訓新兵的堅忍意志、堅定信念、堅強決心、堅毅耐力。不過，我們全體新兵，每天起床之後，須將個人身邊唯一財產，一套換洗衣服，一條由泰國製造，既粗糙造又單薄的木棉軍毯氈，及簡單的個人物品等，搬至森林裡儲藏，避免有緬軍戰機前來轟炸，遭受無謂損失。

猛八寮訓練中心，基地雖然掩藏在山谷之中，而且四周環山，森林茂盛，地形良好，有天然的掩蔽，有利於欺敵作用。不過，緬軍戰機還是多次大駕光臨，向我軍受訓新兵致意，我軍防空避難準備工作，成為例行公事，每日照表操課，一點都不可馬虎，竟然連續三個月，從未間斷過。可見緬軍的情報工作，還是很靈通的，經常調派戰前來關心我軍的訓練情況。

諺語有所謂「窮在市中無人問，富在深山有人瞧」，確實很有道理。不然緬軍怎會了解，在此深山之中，還有我軍的訓練基地。由此證明，處在戰爭狀態之下，不論在前方或後方，保密防諜工作，非常之重要，一點也不能輕忽。否則，一旦不小心，將會帶來嚴重的後果，造成重大的傷害，遭受重大的損失。

猛八寮訓練中心，在訓練科目方面，有政治課目與軍事課目兩大課程，政治部分，包括「哲學」、「科學」、「兵學」等三大學術範疇，由於教官全都由教導總隊按照個人專長出任，所以不論訓練科目，與教授方法，與台灣出一轍，完全相同，讓全體受訓新兵，一生受用無窮，獲益良多。

本班九族戰士，在猛八寮訓練中心，接受訓練期間，至今依然記憶猶新，教官以道地的四川口音，向全體新兵介紹哲學、科學、兵學的三大學術範疇。所謂「哲學」，是教導我們瞭解做人的道理。所謂「科學」，是教導我們認識辦事的方法。所謂「兵學」，是教導我們學習打戰的本領。既清楚，又簡單，讓我們全體受訓新兵，確實受益無窮。

首先在「哲學」方面，教官教導全體新兵做為一個革命戰士，必須學習作人的原則與道理。實踐「主義、領袖、國家、責任、榮譽」等五大信念，嚴守戰時軍律，遵守軍隊紀律，熟讀軍人十大信條，牢記青年手則，做到愛國家、愛民族、愛軍隊的三愛精神，勵行「不怕難、不怕苦、不怕死」的三不怕要求，建立「信仰、信任、自信」的三信心。誓死完成反攻大陸、光復國土、解救同胞的神聖使命。也介紹有關「民權初步」、「會議規範」、「國民禮儀範例」，推行「國民生活須知」。舉行趣味競賽、演講比賽、軍歌教唱、營火晚會、民族雜耍、民俗特技、說故事、演話劇等，一連串文康活動，全體受訓新兵，除接受軍事教育訓練之外，也受到中華文化、民族精神、愛國思想之洗禮，對於增進新兵知識，提振新兵精神，鼓舞新兵士氣，健全新兵心理，強化新兵心防，培養新兵愛國情操，改變新兵生活習慣，建立正確人生觀等，產生有形與無形作用。

其次在「科學」方面，教官教導全體新兵做為一個革命戰士，必須實踐「新、速、實、簡」的新生活要求，教導全體新兵，認識所謂「物有本末，事有終始，知所先後，則近道矣」的「科學辦事方法」，以及如何運用科學方法，面對各種嚴厲挑戰，妥善運用科學方法，順利圓滿完成國家、領袖，與部隊長官，所交付的神聖任務。達到所謂「攻無不克，戰無不勝」的兵法要求，完成反攻大陸，解救同胞，光復國土的偉大使命。

最後在「兵學」方面，教官教導全體新兵做為一個革命戰士，必須學習如何打戰知識，學習如何打戰本領，學習如何能打勝戰。進而如何牢記打戰知識，如何熟練打戰本領，如何能夠打勝戰。最後有效運用打戰知識，有效運用打戰本領，有效運用打戰技巧，順利圓滿達成國家、民族、軍隊、領袖與長官，所交付的神聖任務。

猛八寮訓練中心，在落實兵學訓練方面，始終秉持，所謂「知兵」、「練兵」、「用兵」的三大原則要求。至於具體訓練課目，計有基本生活訓練課目（服裝儀容訓練、內務整理訓練、軍人禮節訓練「有徒手禮節與持槍禮節之分」）、基本教育訓練課目（有徒手操練、持槍操練、各種轉法、班隊形變換、班方向變換操練）、基本體能訓練課目（分跳木馬、交互蹲跳、仰臥起座、伏地挺身、單杆、雙杆、爬杆、跑步、行軍）、障礙超越訓練課目、刺槍術訓練課目、武器使用訓練課目（含武器分解、組合、保養、使用）、基本射擊訓練課目（分射擊預習訓練、實彈射擊訓練）、基本戰鬥訓練課目（分日間攻擊作戰訓練、夜間攻擊作戰訓練、日間防禦作戰訓練、夜間防禦作戰訓練、單兵攻擊作戰訓練、班攻擊作戰訓練、防禦工事構築訓練、敵情觀察訓練、偽裝欺敵訓練、各種戰法訓練）、其他課目訓練課目（分情報蒐集要領，野戰求生要領、衛生保健要領、傷患急救要領、保密防諜要領、緊急應變要領、心防鞏固要領、忠貞不屈要領、生活行為要領、愛民工作要領）。

# 本班武器

軍隊中有句名言：「武器是軍人的第二生命」，所以，必須好好的愛護它、保養它、照顧它、使用它，可見武器對軍人的重要性。因為武器與軍人有密不可分的關係，武器如果沒人愛護、照料、保養、使用它，將會成為一堆廢鐵，毫無用處，再經過風吹、雨淋、太陽晒，最後便會生鏽腐蝕，而毀於一旦，變成廢棄物。軍人沒有了武器，將成為一個廢物，根本不用談什麼保家衛國，恐怕連個人都自身難保，那有能力肩負重責大任。武器一旦有人愛護、保養、照顧、使用，將會光鮮亮麗，威武無比，軍人一旦擁有武器，可以殺敵至果，甚至消滅敵人，將可實踐軍人捍衛國家、善盡責任、爭取榮譽等三大信念。

本班九族戰士，所使用的武器裝備，基本上，是以美製為主，如筆者所使用的美製M1式卡柄槍，副班長使用國造三六式衝鋒槍，一位身材壯塑，體格強壯戰士，使用國造四一式輕機槍，其餘戰士全都使用美製一九〇三式春田步槍，所以就武器裝備配置方面而言，本班九族戰士的武器裝備，算是一個持有美式裝備的班隊，也夠格稱為一個符合現代水準的團隊。不像過去，在空軍未對異域實施遠距空投之前，由於武器裝備特別缺乏，據傳部分友軍單位，竟然發生兩名戰士共同使用一支槍的情況，由此可知，異域反共游擊隊，對於武器裝備之需求迫切程度。

異域反共游擊隊，所使用的武器裝備，基本上，是以使用美國所製造的為主，原因得歸功於蔣夫人赴美外交演說成功，終於贏得美國政府與人民的認同支持，進而獲得美國政府援助，提供我國三軍所需武器裝備，對阻止日本帝國滅亡中國之野心與企圖，產生極大的貢獻。美國支援我國武器裝備，如何順利運達目的地，可不是件簡單的事，除靠空運之外，必須依賴聞名中外的滇緬公路，所以得來不易。

異域反共游擊隊，所使用的武器裝備，整體來說，仍然非常的複雜，除了國造與美製之外，尚有英製、德製、日製、捷克製等，種類繁多，範圍廣泛，性質複雜，導致在彈藥補給上，困難問題一直存在，原因在於其中部分武器裝備，例如由德國製造，或由日本製造，甚至由捷克製造部分，原製造廠已經停產，結果將給異域反共游擊隊，帶來下列兩項衝擊：其一、武器裝備所需零件，無法獲得補充。其二、消耗彈藥，無法獲得補充。導致戰士們手中的武器，等於廢鐵一堆，無法發揮應有的功能。所以每當發生戰事，長官異口同聲的要求戰士們，必須遵守三不打原則：一、瞄不準不打。二、距離遠不打。三、沒把握不打。以節約彈藥，使武器能夠保持可用狀態。否則一旦槍隻子彈消耗殆盡，後方支援單位，無能為力，愛莫能助。異域反共游擊隊員，必須共同體念物力維艱，使自己手中的武器裝備，繼續發揮應有的使用功能。接下來簡單扼要介紹，異域反共游擊隊，所使用的武器裝備，種類及性能。

## 手槍部分

美國製造M1型手槍，一九一一年出產，口徑零點四五吋，重量四點三七磅，全長八點二五吋，彈匣容量七發，有效射程五十碼。以往在二戰、韓戰、越戰期間，除美軍軍官與士官佩帶之外，還有機槍手、砲兵、各級專業官士兵、特戰隊員、空降官兵，憲兵等，也佩帶這款手槍。

美國製造左輪手槍，一〇一八年出產，口徑十一點一七六公釐，重量二點七六磅，全長四至七吋多種類，彈倉容量六發，有效射程五十碼。在美國西部開拓時代，曾經大放異彩。

德國製造毛瑟手槍，一八九九年出產，口徑十九毫米，重量一點一三公斤，全長二百八十八毫米，彈匣容量有六發、十發、二十發、四十發之分，有效射程一百米，加上槍托可當步槍使用。

德國製造魯格手槍，一九〇八年出產，口徑七點六五毫米，重量一點二磅，全長八點七五吋，彈匣容量有八發及三十二發之分，有效射程五十米，加上槍托可當步槍使用。

## 衝鋒槍部分

美國製造M3衝鋒槍，一九一四年出產，口徑零點四五吋，重量八磅，全長二十九點八吋，彈匣容量三十發，有效射程一百米。後來我國兵工廠，也在美國原廠授權下，自行製造這款武器，提供國軍部隊使用。

美國製造湯普森衝鋒槍，一九二一年出產，口徑十一點四三公釐，重量四點九公斤，全長三十三點五吋，彈匣容量有二十發、三十發、五十發、一百發之分，有效射程二百碼。

英國製造司登式衝鋒槍，一九四一年出產，口徑九毫米，重量三點一八公斤，全長七百六十毫米，彈匣容量三十二發，有效射程六十米，後來我國兵工廠，也基於抗日戰爭需要，並在英國原廠認同下，自行製造這款武器，提供國軍部隊使用。

## 步槍部分

國造中正式步槍，一九三五年出產，口徑七點九二公釐，重量四點零八公斤，全長一點一一公分，彈匣容量五發，有效射程五百米。這款步槍在抗日戰爭期間，共計生產約七十萬支左右，發揮了最大的貢獻與功能，目前總統府大門站崗憲兵，就使用這款步槍，代表憲兵手中所持有的武器裝備，完全由本國兵工廠自行生產製造。

美國製造春田步槍，軍隊通稱之為三〇步槍，一九〇三年出產，口徑七點六二公釐，重量三點九五公斤，全長四點四九吋，彈匣容量五發，有效射程五百五十碼，計有三十餘國使用這款武器，不僅列為世界十大步槍之一，也是全球產量居於第四順位的步兵武器，總產量已經超過二百五十萬支。

美國製造M1卡柄槍，一九四二年出產，口徑七點六二公釐，重量二點三六公斤，全三十六點六吋，彈匣容量有十五發與三十發之分，有效射程一百七十五碼。計有六十餘國使用這款武器，由於小巧輕便，很適合東方民族使用。筆者在異域期間，就使用這款武器，先後參與兩次戰役。

英國製造李恩菲爾德步槍，一九〇七年出產，口徑七點七公釐，重量四點一九公斤，全長一點二五七毫米，彈匣容量十發，有效射程九一四米，全球計有五十餘國使用這款武器。不僅列為世界十大步槍之一，也是全球產量居於第二的步兵武器，總計產量已經超過一千七百萬支。

德國製造毛瑟步槍，一九三五年出產，口徑八毫米，重量三點七公斤，彈匣容量五發，有效射程五百米。全球計有五十餘國使用這款武器。不僅列為世界十大步槍之一，也是全球產量居於第三的步兵武器，總產量已經超過一千四百萬支。

日本製造三八式步槍，因在槍機上方增加一層保護蓋，可防雨水或沙塵，所以稱之為三八大蓋，一九〇五年出產，口徑六十五公釐，重量三點七三公斤，全長一點二七公分，彈匣容量五發，有效射程四百六十米，計有二十餘國使用這款武器。

## 輕機槍部分

國造捷克式輕機槍，一九二四年出產，口徑七點九二公釐，重量十點五公斤，全長一點一五米，彈匣容量二十發，有效射程五百公尺，計有二十餘國這款武器。

國造改良型輕機槍，一九六一年出產，口徑七點六二公釐，重量十點三公斤，全長一點一公尺，彈匣容量二十發，有效射程五百公尺。筆者在異域期間，參與黃土坡戰役，就使用這款武器，時間是一九六一年一月二十三日，從晚上七時至翌日凌晨五時之間，共計發射千餘發子彈，才將敵人擊退，結果造成筆者雙耳，在一星期之內，完全聽不到他人講話聲音，可見這款國造武器，性能還是超棒的喔！需要感謝它在緊要關頭，發揮了最大的功能，它不僅幫助我擊敗敵人，也為我保住小命。

美國製造白朗寧輕機槍，一九一七年出產，口徑七點六二公釐，重量七點二公斤，長度一二一四毫米，彈匣容量二十發，有效射程五百四十八米，全球計有五十餘國使用這款武器。

英國製造布朗輕機槍，一九三五年出產，口徑七點六二公釐，重量十點三五公斤，長度四十二點九吋，彈匣容量有三十發與一百發之分，有效射程六百米，全球計有五十餘國使用這款武器。

## 中型或重型機槍部分

美國製造白朗寧中型機槍，一九一九年出產，口徑七點六十二公釐，重量十四公斤，長度三十七點九四吋，給彈方式彈鏈供彈，有效射程一千四百米，全球計有五十餘國使用這款武器。

美國製造50A1重型機槍，一九二一年出產，口徑十二公釐，重量三十八公斤，長度一千六百五十公釐，給彈方式彈鏈供彈，有效射程一千八百三十公尺，總產量超過三百萬挺，全球計有一百二十餘國使用這款武器。列為重機槍中的冠軍，恐怕非它莫屬。

## 火箭筒部分

美國製造M9／M9A1式巴祖卡火箭筒，一九四二年出產，口徑二點三六吋，重量六點五公斤，長度六十一吋，火箭彈重三點五磅，最大射程四百米，有效射程一百二十米。目前大多數西方盟國陸軍及陸戰隊，均使用這款武器。

美國製造M20A1火箭筒，一九五〇年出產，口徑三點五吋，重量六點五公斤，長度六十一吋，火箭彈重一二點七磅，最大射程九九九碼，有效射程靜態目標三百碼，動態目標二百碼。大多數西方盟國陸軍及陸戰隊，均使用這款武器，截至目前為止，各國仍在繼續使用中。為二人共同操作式武器，屬於反裝甲最佳利器。缺點有射程有限，精準度較低，危險性較高。

## 火砲部分

國造三一式六〇迫擊砲，一九四一年出產，口徑六〇點七五公釐，重量十八公斤，砲管重五公斤，底盤重五公斤，砲架重八公斤，長度六七點〇五公分，槍管長度六〇點一公分，砲彈重一點五公斤，彈頭有高爆彈、照明彈、煙霧彈之分，最大射程一千四百四十四公尺，射擊速度每分鐘十八發，高低仰角四十五到八十五度，水平迴旋五點五度。射擊器具為制式瞄準具。

國造四四式八一迫擊砲，一九三五年出產，口徑八一公釐，砲管重二〇點一公斤，砲架重二十二公斤，底盤重十八公斤，高低仰角四十五到八十五度，水平射角十度，最大射程三千零八公尺，射擊速度每分鐘十八發至三十五發。彈頭有高爆彈、照明彈、煙霧彈之分。至於改良型，目前國軍部隊，仍在繼續使用中，甚至也研發出自走式火砲。

美國製造四三式七五無後座力砲，一九五〇年出產，口徑七五公釐，長度一點六五公尺，高低射角二十七到六十五度，水平射角三百六十五度，重量八十六點二公斤，砲管重五十二公斤，砲架重三十四點二公斤，最大射程六千六百七十五公尺，目前各國軍隊已改用口徑較大，自走式一〇六無後座力砲所取代。

## 手榴彈部分

德國製造二四型柄式手榴彈，一九一五年出產，成份三硝基甲苯，直徑七十毫米，威力半徑五公尺，重量五百九十五克，長度三百六十五毫米，引爆時間五秒鐘。國軍兵工廠於抗戰期間，在獲得德國同意之後，自行大量生產，供應前線部隊使用。

美國製造MK2手榴彈，一九一八年出產，成份ＴＮＴ炸藥，重量五百九十五克，長度一百一十一毫米，威力半徑五公尺，有效距離十五公尺，引爆時間五秒鐘。國軍兵工廠也在獲得美國原廠授權下，自行大量生產，提供部隊使用。

日本製造二九式擲彈筒，一九二二年出產，口徑五十公釐，重量四點七公斤，長度六十一公分，槍管長度二百五十四公分，發射速度每分鐘二十五發，最大射程八百公尺，有效射程一百二十公尺，由二人共同操作。

經由以上介紹，不知讀者是否觀察到一個現象，我等所謂異域反共游擊隊，是在執行反共抗俄的革命大業，使命何等之神聖，因此所使用的武器裝備，一律拒絕俄國製造產品，以明其志也。

# 本班任務

本班九族戰士，在本班長帶領下，離開猛八寮訓練中心，回到原屬單位後，曾經執行下列各項艱鉅任務，其任務項目分別列舉如下：

參與建造「猛八寮機場工程任務」，使用最原始的工作器具，完成不可能的任務，實現「人定勝天」的偉大創舉。猛八寮機場有長一千二百公尺，寬六十公尺，為配給式跑道，可供空軍C-46運輸機起降，方便教官師資前來異域，協助完成異域反共游擊隊之訓練，也能及時運送異域反共游擊隊所需武器裝備。

擔任「小白塔據點守防任務」，僅有本班九族戰士兵力負責駐守，發揮「以少勝多，以寡擊眾」的兵法最高指導原則要求。阻止緬軍攻擊，確保後方基地安全。

擔任「南眉前線基地協防任務」，在一個月協防期間，因經常遭受緬軍砲擊，無法獲得休息與睡眠機會，其中大部分時間，聽到砲聲須立即進入堡壘或戰壕掩蔽，期間幾乎都在水中過日子，任務之艱鉅程度，實在難以想像，也無法用筆墨加以形容。

參與「超級保鏢任務」，緬甸境內除了我異域反共游擊隊之外，尚有緬共，爭取獨立反抗軍，土匪強盜，所以馬幫從事跨國貿易，容易受到攻擊，因此請求我軍派兵協助，奉命擔任護送任務者，必須善盡保護責任，確保馬幫人畜與貨物安全到達目的地，爭取更多商人認同支持。

執行「空投物資收回任務」，因空投時間均在夜深人靜時進行，為確保來自祖國之後勤補給支援物資，能夠全部收回，本班九族戰士，必須能夠善盡本份與責任，圓滿達成任務。

擔任「南洋哨所檢查管制任務」，從事基地出入人員、來往騾馬，路經牛車之檢查登記管制事項，本班九族戰士，必須認真負責，嚴防敵人滲透，確保我後方基地安全，不負上級長官所交付之重責大任。

擔任「江拉地區巡邏任務」，嚴防敵人滲透我軍後方基地，製造破壞活動，防止敵方間諜或不法份子，趁機蒐集情報，製造事端，本班九族戰士，必須善盡責任，確保我軍後方基地與總指揮部之安全。

擔任「江拉基地防空任務」，防衛緬甸軍戰機光臨我軍後方基地進行轟炸，本班九族戰士，善用個人的武器，干擾緬軍戰機飛行員，不讓他進行低空轟炸，降低我軍的傷害與損失，確保後方基地的安全。

執行「助民收割稻穀任務」，協助基地附近居民收割稻穀，不僅是助民工作，也是利己的工作，除可爭取居民眾向心，進而能達到雙贏目的，的確一舉兩得。

接下來將繼續介紹，本班執行任務之地區、據點、基地等，相關地理位置，人文資訊，供請讀者參考。

首先介紹江拉，江拉是緬甸撣邦東部邊陲的一個小鎮，東面與寮國相鄰，與寮國之間，係以湄公河中間線為界，是一個不規則型的類盆地。類盆地，緬甸華人稱它為「霸子」。江拉面積比台北關渡平原略大一點，四周群山環抱，深山裡全都屬於原始森林，除居民前往山區狩獵，或異域反共游擊戰士，因執行收回空投物資，必須進入山區搜索外，平日幾乎人煙罕至，仍然稱得上是一片原始森林地帶。江拉隸屬於緬甸撣邦之大其力縣管轄，算是一個邊陲小鄉鎮，鄉內居民以撣族為主，阿卡族為輔，但是阿卡族群住在山區，除趕集日會有人前來做買賣之外，平日幾乎看不到他（她）們的蹤影。轄區內撣族居民有數百戶，人口估計約在五六百人之間。共有七個大小村莊，分散在各群山之角落，以靠近自己家族農地附近，方便農耕生產。江拉盆地居民以務農為生，農產品以出產白色糯米，及蔬菜水果為主。以養殖家禽家畜為輔。其中所生產的白色糯米，除供自己家人食用外，還有餘額提供我游擊基地所需糧食，我軍必須盡全力保衛基地，以免失去糧食供應據點。江拉盆地在水利方面，除有湄公河自東面過境外，另有數條溪流，由西向東流過，帶來豐富水產，而且全都屬於天然野生，居民不需經由人工養殖，即可獲得所需天然水產。可稱得上是得天獨厚，或許這就是佛陀賜給江拉居民的最大恩惠。

其次介紹猛八寮，猛八寮也是緬甸撣邦大其力縣轄下，一個邊陲小鎮，屬於帶狀型盆地，面積猶如台灣南投日月潭一般，盆地內有大小村落十餘個，居民人數比江拉幾乎多一倍，居民全都屬於撣族，族群單純，民風善良，社會和諧，態度友善，生活富足。地區居民，以從事農業為生，所生產的農業產品，以種植白色糯米稻穀，及蔬果作物為主，養殖家禽家畜，以及撈取天然水產為輔。猛八寮地區，就地理位置，及天然環境條件而言，比江拉要好得很多，原因是此地方圓遼闊，西面群山環繞，東面跟寮國之間以湄公河中線為界，南北均有丘陵地作為屏障，很適合人們居住與生活。鎮內水利除有湄公河外，尚有大小河川無數，分別由西向東，或由南向北，或由北向南流動，不僅有利於農業生產，也有利於水產之滋養，帶給居民生產之便利。猛八寮地區居民，基本上，是靠水吃水的族群，他們整天與水為伍，早上前往河邊從事盥洗，取水，收取魚獲，運用天然水利春稻穀，中午前往河邊從事收回已經舂好的稻米兼洗澡，晚間前往河邊從事洗澡，舂稻穀，設置捕捉水產陷阱，如此他們整天與水朝夕相處，一切民生問題，全靠天然水利完成，滿足居民各項生活需求。猛八寮地區居民從事耕田種地，灌溉問題已是順理成章的事，從未發生任何困難。我軍戰士們如想吃魚，只要前往溪邊，使用徒手方式，也能摸到魚類、蝦類、蟹類之類水產，可見當地水產之豐富程度。簡直不費吹灰之力，即可手到擒來。當地撣族居民，幾乎整天悠閒自在，享受幸福快樂生活，簡直就像一處世外桃源。猛八寮地區，自從機場建造完成之後，有來自寮國及泰國之民用小型飛機，飛抵此地降落，也有兩國輪船駛，直接在機場以東碼頭停靠，帶來各式各樣貨物，製造無限商機，促進猛八寮地區之進步與繁榮。

再來介紹小白塔，小白塔原是豎立在野外，尚未完工的一座小佛塔，因我游擊隊與緬軍之對峙，卻成了一個重要軍事據點，位居南眉以北約五百公尺處，是一個獨立的小高地，也算是一座孤島，在戰術上的重要性，關係我異域游擊隊，後方基地的安危，意義非常之重大，不僅是異域反共游擊隊，江拉大本營的最前線，也是反共游擊隊第二十二師，猛八寮守備區的最前哨，小白塔據點一旦失守，南眉前哨就會不保，南眉前哨一旦失守，南昆基地也將不保，南昆基地一旦不保，江拉大本營也將受到衝擊。

本班九族戰士，奉命駐防該據點，一致宣誓保證，為了守護據點，不惜付出何種代價，不論後方有無支援，誓死保衛據點，達成上級所交付的神聖使命。基於責任之重大，任務之艱鉅，特地要求九族戰士，必須隨時提高警覺，絕對不可掉以輕心，抱定犧牲決心，與據點共存亡，縱然犧牲全體戰士性命，也在所不惜。

小白塔據點結構，是由石塊、土磚、白色石灰建造而成，或因碰上軍事對峙局面，所以尚未完成佛塔形狀，及佛像之豎立，讓人覺得有點不甚圓滿之感。就地形上而言，我有居高臨下優勢，一直以來，是敵我兩軍必爭之地。小白塔的海拔高度不詳，但以溪流估計，應該在數百公尺左右，若以距離地平面高度來算，約在百餘公尺之間，總面積僅有兩個籃球場一般大。本班九族戰士駐守，由於兵力有限，稍感有些吃力，但既然奉命來之，則安之，也沒什麼好怕。原因是據點四周坡度陡峭，雖然森林茂盛，原生樹木高大，地面視線良好，有利防禦作戰。本班九族戰士，以居高臨下之勢，在地形上佔有優勢，上級長官唯一要求，本班能在第一時間發現敵人，阻止敵人，遲滯敵人，掌握敵情，等待後方援軍前來支援，就是本班防禦據點的最高指導原則。

一九五九年夏天，本班九族戰士進駐小白塔，負責敵情監控，據點防衛任務，但是本班九族戰士，清一色屬於新兵，筆者當時年方十九，雖然有膽在此守衛，但卻缺乏實戰經驗，上級基於任務考量，特派友軍單位之鄭姓副營長親臨本班督陣，並擔任本班防禦據點指揮官，使我這個初出茅廬的班長，終可放下心中千斤重擔。如今回顧往事，真為自己捏把冷汗。如緬軍瞭解據點兵力部署情況，必然會對本班下手。或許當時年少輕狂，不知天高地厚？不曾有過恐懼問題。

鄭副營長，隸屬於志願軍第二十二師第六十四團第一營副營長，也是駐防南端前線之副指揮官，是一位資深之游擊軍官，也是具有豐富的作戰經驗，奉命前來本班防禦據點坐陣指揮，對於穩定本班軍心，與士氣的鼓舞，產生了有形作用，與無形的影響。鄭副營長，是一位很有原則的長官，他很明確表示，前來小白塔協助本班，主要任務係專程指導本班執行有關防禦工事之構築，防禦兵力之佈署，防禦任務之達成等，屬於本班內部勇士管理，武器裝備保養，前哨警戒任務，陣地守禦兵力調度等，從不過問，也絕不干涉。民國五十年間，鄭長官也隨「國雷」案撤回台灣，目前隱居在霧社山區，安享晚年生活。

所謂「國雷」案，是我中華民國政府在一九六一年間，因受到國際社會之壓力，以及在聯合國監督下，再次同意將遺留在異域的反共游擊隊撤回台灣。撤軍計畫案名稱，以當時國安會副秘書長蔣經國先生，駐台協防之美軍代表克雷恩將軍，為其中、美兩國代表，將二人之名各取其中一字，匯集「國雷」二字成案，因而稱之為「國雷」案，這也就是「國雷」案之由來。目前「國雷案」回國官兵，已經完成「中華民國國雷協會」之成立，並報經內政部核准在案，筆者現為該協會會員，目前被選為該協會常務理事職。

本班九族戰士，駐守小白塔期間，不論晝夜，必需派出兩位戰士，擔任敵情監控，與據點警戒任務。日間則需輪派一位戰士，單槍匹馬前往陣地下方約二百公尺處，是敵我雙方對峙中間地帶的非軍事區，擔任前方埋伏，敵情監視，及警戒哨兵任務。另外一位戰士則部署在據點內，擔任據點警戒任務。本班早晚兩餐民生問題，則由後方本部火夫兵按時送來，我們不必再為此問題操心，只要專心據點防衛任務。夜間則將前方埋伏警戒哨，撤回陣地之內，避免單獨留在遠處，發生意外事故，確保戰士安全。夜間在據點內佈置雙哨，擔任據點警戒哨工作。由於本班兵力有限，有關防禦任務部署，的確感到十分艱鉅，戰士辛苦程度，的確不在話下。日間除據點防禦任務外，還須應付緬軍經常性火砲試射干擾。緬軍每次火砲試射，必然將砲彈射往我軍陣地四周，也就是本班防守據點，所以不勝其擾。本班九族戰士，必須遵照上級指示，除非情況不得以，否則必須堅持所謂「打不還手，罵不還口」的兩不原則。因我軍為外來入侵者，暫時寄居他人地盤，須以主人為尊，唯有忍氣吞聲，才能顧全大局，不可喧賓奪主，製造事端，給緬軍留下攻擊我軍之藉口。

小白塔據點防禦任務，是本班九族戰士，表現勇氣與決心的場所，也是本班九族戰士，克敵致勝的關鍵所在，更是本班九族戰士，達成使命的大好機會，初期一切順利圓滿，但後來美中不足，意外事件終於發生了，所謂「該來的，終究躲不掉」，結果本班犧牲了一位佤族戰士魏仁民，果真為人民犧牲了。這次不幸事件，是筆者擔任班長以來，第一次也是最後一次，發生重大意外死亡事故，是筆者一生始終難以忘懷的憾事，相關細節，在之前的「走過金三角」已經介紹過，其餘細節部分，此書不再重複。

一九六〇年底，小白塔終於失守，落入緬軍控制。但此時的駐防單位，已經不是本班九族戰士，而是改換其他單位負責駐守。根據瞭解失守原因，緬甸政府基於收復失土決心，要求中共出兵支援，在中緬聯軍共同合作下，緬軍由正面進攻，共軍自後方突襲，兩軍以優勢兵力，加上緬甸還有空中戰績及地面砲火雙重支援下，重新奪回小白塔。

一九六一年一月間，筆者以陸軍步兵學校初級班江拉分校學員身分，參與攻擊小白塔，計畫收復該據點，雖然最後無功而返，但至今仍舊念念不忘，在攻擊行動中所發生的趣事。事情經過是這樣的，在我軍發起攻擊行動已經進入高潮，本隊有一位謝姓區隊長，原隸屬於國軍特戰部隊教導總隊，前往異域擔任教官兼區隊長職務。謝區隊長，算得上是一個膽大包天的勇士，竟然在槍林彈雨之下，還不忘忙抽起他的「英國紳士型煙斗」。可惜他的打火機，就是不肯爭氣，當然或許是因為該打火機，也被連續不斷的槍砲聲給嚇壞了，經過連續多次喀嚓……喀嚓，就是無法點燃，最後謝區隊長只好擺出一副失望與無奈的表情，讓我等一起參戰的百餘位戰友，一致感到莞爾。在大敵當前，而且面臨生死交關之際，謝區隊長，還不忘他的抽煙嗜好，雖然不是什麼很好的示範，但他那種適時表現出作一個軍人，必須「沈著應戰」的淡定態度，以及不懼生死的英勇精神，實在令我們後生晚輩，感到無比的佩服！類似鏡頭實在不可多得，顯然只有在戰爭電影中，才有機會看得到。謝區隊長的鎮定表現，簡直猶如三國時期的關雲長將軍一般，縱然大敵當前，而面不改色，照樣下他的棋，的確難能可貴，令我等所屬深感「望塵莫及」！特此提出表彰一番，表達我個人懷念之情！

再來介紹南眉，南眉原是一個撣族村莊，也是我軍控制下的一據點名稱，位於南昆守備區最前線，距離緬軍前線陣地南端，不到一千公尺，戰術地位十分重要，是江拉總指揮部最前線的重要防衛基地，平時有我軍一個營的兵力駐守，戰時守備兵力將依任務需要，適時加以調整。南眉基地，是我軍前線的重要門戶，也是緬軍攻擊我軍必經之地，除了雨季之外，可行駛牛車，或行駛機動車輛，在戰術上，地位非常的重要。本班九族戰士，奉命前來支援友軍防務，同樣感到任務艱鉅，原因在於該據點地勢較低，若以河床高度相比，兩者差距僅有一至二公尺之間，而緬軍陣地位置，又比我軍陣地，高約百餘公尺，緬軍有居高臨下之勢，很不利於防禦作戰。南眉基地，原本是撣族的寺廟，寺廟內有一尊釋迦牟尼佛陀坐姿塑像，友軍單位借用釋迦牟尼佛陀寶號，作為營舍，解決官兵住宿難題。本班九族戰士，駐防期間就睡在佛陀大腳之前，寄居在佛陀屋簷之下，仰臥在佛陀之前，磨練個人意志，體會人間災難，學習人間耐力，實在有點難為佛陀了。不過終究是不得已的事，期望佛陀能夠體諒。我軍利用寺廟作為營舍，事實上，基於兩項因素考量：其一、解決部隊缺乏營舍難題，其二、避免緬軍砲火攻擊，造成我軍傷亡。原因在於緬軍官兵，絕大多數信仰佛教，都是佛教信徒，尊敬佛陀，崇拜佛陀，不會輕易冒犯佛陀，我軍利用此種關係，期能獲得多一點安全保障。我軍基於防禦作戰需要，已在寺廟四周，建築完善的戰壕與碉堡，確保基地安全。

本班九位戰士，在此基地駐守期間，正逢雨季來臨，寺廟四周之防禦陣地，緊鄰溪流邊緣，與河床高度相差無幾，所以戰壕與碉堡之內，集水深及腰部，本班九位戰士，除擔任警戒哨外，其餘都留在寺廟內躲避，緬軍似乎掌握我軍部署情況，於是見招拆招，每小時向我軍陣地四周，實施砲擊一次，使得我軍疲於奔命，沒有休息，沒有安寧，沒有睡眠。想在精神上干擾我軍，在心理上威脅我軍，在士氣上瓦解我軍，達到「不戰而屈人之兵」目的。本班九族戰士，在此駐防期間，由於緬軍砲火攻擊，從未間斷，一旦有砲擊聲，本班九族戰士，必須立即進入戰壕與碉堡備戰，否則誰也不敢保證，絕對不會發生意外。本班九族戰士，在此基地駐防一個月期間，全身上下經常濕透，從未乾過，那種全身濕透與寒冷的日子，實在很不好受。若用所謂「水深火熱」來形容當時的遭遇，其實也不為過，的確讓本班九族戰士，吃足苦頭，這輩子都無法忘懷。

最後介紹南昆，南昆是緬甸撣邦大其力縣轄區內的一個鄉鎮，區域內有數個村落，居民將近百戶人家，全都屬於撣族人家，居民都以從事農業為生，農業生產作物，以白色糯米水稻及蔬果之類作物為主，以撈取天然水產，並養殖家禽或家畜為輔。區域內東西兩面屬於丘陵地帶，南北兩側為兩山遙遙相望，深山裡出產天然竹林，對於提供撣族居民建造竹樓式房屋，在建材取得上，非常容易與方便。另外猛八寮訓練中心，事實上，也設在南昆以東山鹿間，只是中心名稱與猛八寮地名相同，顯示訓練表中心與猛八寮機場，有密不可分關係。再因訓練中心兼任指揮官胡開業少將，也是南昆守備區指揮官，於是將訓練中心設在此地，方便就近監督，使兩項職務均能同時兼顧。

一九六一年一月二十二日午夜，南昆前線黃土坡陣地，正遭受共、緬兩軍聯合攻擊，戰鬥非常的激烈，胡將軍竟然在危險時刻，出現在戰壕之內，專程前來為參戰官兵們加油打氣，鼓勵戰鬥意志。筆者深刻記得，胡將軍進入戰壕之後，用手在我的肩膀上拍了一下，並大聲地說：「不要怕，有我在，彈藥補給，隨叫隨到，但必須要堅持到底，守住陣地，絕不讓敵人攻擊行動得逞，好好給他們一點教訓」。正逢恐怖驚險，槍聲不停，砲聲不斷，戰況慘烈，戰情危險之際，胡將軍依然奮不顧身，穿梭在戰壕與碉堡之間，實在難能可貴，讓官兵們感到無比的敬仰！胡將軍同時也帶來總統蔣公的慰問品，鼓勵我們正在前方奮戰官兵，每人一個橘子，一根香蕉，一包雙喜牌香菸。全都剛由台灣運來，我們有此福份，收到來自祖國的慰問品，讓官兵們感動得熱淚盈眶，我們從軍報國至今，竟然在生死關頭，還能榮獲長官如此之關懷，真是何等幸運。我們能夠回饋長官的，就在今天晚上，不計一切代價，迎戰敵人，阻止敵人，打敗敵人，確保基地安全，縱然犧牲個人性命，也在所不惜。

胡將軍有資格稱得上，是一位很英勇果敢的軍事將領！我們將用「指揮若定，身先士卒」八個字，來形容胡將軍的英勇表現。可惜「英雄無用武之地」，胡將軍回國後，未能獲得晉升機會，最後解甲還鄉，隱居在桃園中壢。

# 細說
# 九族篇

## 九族分佈國家地區人口統計表

| 景頗族 | 瑤族 | 傈僳族 | 拉祜族 |
|---|---|---|---|
| 中國:140.000 | 2.630.000 | 中國:730.000 | 中國:460.000 |
| 緬甸:850.000 | 緬甸:數百餘人 | 緬甸:400.000 | 緬甸:250.000 |
| 泰國:人數不詳 | 泰國:50.000 | 泰國:50.000 | 泰國:1萬餘人 |
| 寮國:人數不詳 | 寮國10餘萬人 | 寮國:人數不詳 | 寮國:2萬餘人 |
| 越南:人數不詳 | 越南:620.000 | 越南:人數不詳 | 越南:1萬餘人 |
| 印度:人數不詳 | 印度:人數不詳 | 印度:6.000 | 印度:人數不詳 |
| | 其他國家: | 其他國家:不詳 | 其他國家:不詳 |
| | 柬埔寨:數百人 | | |
| | 美國:2萬餘人 | | |
| | 加拿大:1千餘人 | | |
| | 法國:1千餘人 | | |
| | 墨西哥:人數不詳 | | |
| | 巴西:人數不詳 | | |
| | 澳洲:人數不詳 | | |
| | 紐西蘭:人數不詳 | | |
| | 瑞典:人數不詳 | | |

| 傣族 | 回族 | 佤族 | 哈尼族 |
|---|---|---|---|
| 中國:1.260.000 | 中國:10.000.000 | 中國:450.000 | 中國:1.440.000 |
| 緬甸:6.000.000 | 緬甸:人數不詳 | 緬甸:600.000 | 緬甸:200.000 |
| 泰國:7.000.000 | 泰國:人數不詳 | 泰國:20.000 | 泰國:60.000 |
| 寮國:4.000.000 | 寮國:人數不詳 | 寮國人數不詳 | 寮國:60.000 |
| 越南:140.000 | 越南:人數不詳 | 越南:人數不詳 | 越南:20.000 |
| 印度:人數不詳 | 印度:人數不詳 | 印度:人數不詳 | 印度:人數不詳 |
| 其他國家: | 其他國家；不詳 | 其他國家:不詳 | 其他國家:不詳 |

漢族部分:省略

筆者自從懂事以來，便與傣族及佤族，結下不解之緣，彼此關係非常密切友好，筆者原在大陸故鄉的戶籍地，係隸屬於雲南省耿馬設治局（現改為耿馬傣族佤族自治縣），該縣的地方自治工作，係由傣族土司負責。在緬甸出生地撣邦的滾弄縣，縣的地方自治工作，也由撣族（在中國稱為傣族）負責。筆者從軍之前的居住地，位在撣邦管轄區域，佤族土司治理下的爐房，因出產黃金，華人稱為金場街，其地方自治工作，也是由佤族土司負責。所以，不論在大陸，或在緬甸，與傣族及佤族之間，維持同胞、鄰居、朋友關係，原在異域期間，既是袍澤，也是戰友，彼此之間，關係密切，友情常在。因此，筆者跟他們之間，有三層關係，一是同胞、二是袍澤、三是戰友。

軍中有一首所謂「九條好漢在一班」的軍歌，但是本班的這九條好漢，卻是由九個不同的民族編組而成，所以將它稱之為「九個民族在一班」，代表本班之組成份子，是「多元化」的，也是「多民族」的，這種際遇非常特別，的確不可多得。過去大家同在一起，雖是同班戰友，有生死與共的伙伴關係，未曾感到有何差異之處，也不曾發生任何疑問，如今回顧起來，才能深切體會到這種組合，超乎尋常，奇特無比，算得上是一次民族的大融合。

接下來僅將本班九個族群，有關族群的分支體系，歷史淵源、分佈區域、總人口數、族群文化、宗教信仰、人文特色、生活方式、食、衣、住、行、育、樂等生活概況，分別介紹如下，提供讀者參考，並分享經驗，期能藉此機會增進我中華民族，每一族群之間，彼此能有更深一層的認識與瞭解，使我中華民族更加融合，更加團結，更加合作，共同創造華人世界的美好未來，讓我中華民族的歷史文化，得以繼續傳承，更加光明燦爛，更加發揚光大。

不過，筆者所介紹的篇幅與內容，原則上，係以住在緬甸的族群為主，以住在中國大陸的族群為輔，以介紹偏遠山區之村寨或部落者為主，以介紹城市者為輔，以自己親眼所見，親耳所聞者為主，以參考「Google」全球網路資訊為輔，發生差異之處，在所難免，若有誤差，敬請讀者見諒。

# 傣族篇

傣族這個族群，基本上，也是一個跨國性的族群，他們與分佈在緬甸之撣族、泰國之泰族、寮國之佬族、越南之傣族，印度阿薩姆省之紅傣族，有著深厚的淵源，關係非常密切。印度阿的薩姆省，便是紅茶的故鄉，根據廣播資訊所了解，過去大英帝國殖民統治印度期間，曾將所搜刮來之茶葉運回英國，提供祖國皇家政府官員，三軍部隊，以及社會大眾飲用。唯因當時海路運輸距離遙遠，且輪船速度較慢，經過數月之運送過程與時間，再加上潮濕，以及包裝技術不良，運抵英國之後，發現部分茶葉已經腐敗或損壞，造成無謂損失，後來有人突發奇想，將茶葉經過烘焙之後，再運回英國本土，這樣一來不但可以維持茶葉原有品質，也能降低不必要之損失，所以這就是紅茶之起源。印度阿薩姆省，除了紅茶舉世聞名之外，事實上，奶茶也是世界馳名品牌，不知讀者是否曾經品嚐過？

傣族同胞，雖然分散在不同國度，但都屬於同源同種，原先應該同屬一個民族，尤其在族群文化上，始終維持既有傳統習俗，僅在語言及生活習慣上，略有若干差異而已。

另外傣族同胞，也與中國境內之壯族、侗族、水族、布衣族、黎族、毛南族、仡佬族等各民族之間，也有深厚的淵源，彼此關係至為密切。

## 族群人口

傣族分佈國家或地區，大至情況分述如下，分佈在中國境內之傣族人口數，約有一百二十六萬餘人，人口比率在中華民族五十六個族群排名順位，居於第十九位，在雲南省人口比率順位，也居於第五位。分佈在寮國境內之佬族，人口數約四百餘萬人，分佈在緬甸境內之撣族，人口數約六百餘萬人，分佈在泰國境內之泰族，人口數約七百餘萬人，分佈在越南境內之傣族，人口數約十四萬餘人，唯分佈在印度阿薩姆省境內之紅傣，人口數尚無具體資料。如今傣族分佈地區，已經遍及全球，涵蓋各國家或地區，截至二〇一〇年為止，全球傣族總人口數，已經到達五千萬人，也算得上是一個不小的民族。

## 族群分佈

傣族同胞，目前分佈在中國境內者，則以居住在西雙版納自治州、德宏自治州、耿馬、孟蓮、新瓶、元江、景谷、金平、雙江、保山、鎮沅、瀾滄、元陽、彌勒、馬關等市或縣，四川涼山自治州等地區為主。

分佈在國外部分：計有緬甸撣邦、泰國中部、寮國全境，越南之北部，印度阿薩姆省境內等國家或地區，甚至分佈區域，已經遍及全球各個國家或地區，是一個名符其實，既跨國界，又跨全球的民族。

## 族群語言

傣族同胞，是一個自己有文字的族群，自有文字開始至今，已有千餘年歷史，算是一個具有文化根基的族群。傣族語文種類，按照族群支系區分，就中國境內之狀況而言，可區分為四大類：第一類稱謂「傣泐」或「傣阮」，以分佈在西雙版納自治州、普洱縣及泰國北部等地區，或國家轄區之內為主。第二類稱謂「傣龍」，以分佈在德宏自治州、思茅縣、臨滄市以及緬甸撣邦等地區或國家轄區內為主。第三類稱謂「傣浪」，以分佈在思茅縣及緬甸撣邦席轄區之內為主。第四稱謂「黑傣」，以分佈在金平縣轄區內為主。按照族群體系區分，自宋朝之前開始，漢民族將傣族區分為黑齒蠻、金齒蠻、銀齒蠻、繡面蠻、茫蠻、白衣等類，但從元朝開國之後，漢族將傣族通稱為白夷、百夷，或擺夷等三類。按照族群語言區分：計有德宏傣語系，西雙版納語系，紅金語系，金平語系。按照族群文字區分：有傣仂文系，以西雙版納自治州轄區內之傣族使用者較為廣泛。傣哪文系，以德宏自治州及耿馬縣等轄區內之傣族使用者比較廣泛。傣綳文系，以瑞麗及瀾滄兩縣轄區之內傣族使用者比較廣泛。傣端文系，以金平縣轄區內之傣族使用者比較廣泛。基本上，都淵源於印度之巴力語系，雖然文系很多，但在文化習俗上近乎相同，彼此之間差異不會太大。傣族語言在數字方面，也近乎於閩南語之間，例如一讀作「能」，二讀作「送」，三讀作「散」，四讀作「惜」，五讀作「哈」，六作「霍」，七讀作「借」，八讀作「別」，九讀作「搞」，十讀作「細」。事實上，說起來很簡單，並無多大困難，如有機會，不妨也試試看。

## 族群區分

傣族同胞，在緬甸國境之內，通稱為撣族，但是緬甸華人稱他（她）們為擺夷族，同時華人也將擺夷族區分為「旱擺夷」與「水擺夷」兩大類，「旱擺夷」原則上，來自中國雲南省，能講漢語之普通話，也能認識或閱讀漢文書籍與報紙雜誌，但不一定濱水而居，有時也能跟隨其他族群，過著隨遇而安的生活。不過原則上，還是偏愛濱水而居，也偏愛種植糯米水稻，更喜歡吃糯米飯。

居住在緬甸境內之撣族，俗稱「水擺夷」，則是緬甸撣邦境內主體民族之一，基本上，是以濱水而居的族群，也是靠水吃水的族群。撣族「水擺夷」不僅是治理撣邦之主體民族，也是構成緬甸聯邦主體民族之一，在緬甸境內對聯邦政府的牽制，可發揮一定的作用，其實力不容忽視。追憶過去歷史，撣族曾經一度成為緬甸的統治王朝。緬甸聯邦政府部門，目前所發佈的公文書，也有撣文版本，聯邦政府機關，也設有撣族業務主管機構，由此可以證明，撣族對聯邦政府之影響力及其重要性。

## 族群信仰

傣族同胞，不分男女老少，原則上，都以信仰「南傳上座部佛教」為主，所以「南傳上座部佛教」，幾乎成為傣族人士日常生活行為的中心。（所謂「上座部佛教」，巴力語稱之為「Thcravada」，其中「Thcra」，代表上座長老，「vada」代表學說、主張或觀點）。由於上座長老的說法與主張，成為印度佛教徒，一致遵循的準則與方向，所以，這就是「上座部佛教」之由來。

據說釋迦牟尼佛陀，原為中印度釋迦國王子，公元前六世紀誕生在印度與尼泊爾兩國邊界處之「倫比尼Lumbini」，俗家姓氏為「果德瑪Gotama」，俗名叫「悉達多Siddhartha」，所以佛教界也尊稱佛陀為果德瑪，佛陀圓寂時享壽八十歲。佛陀圓寂之後，曾有部分長老及信徒，以為從此獲得解脫，不再受到佛陀在世所教導的佛法，對於個人生活行為準則限制、約束、規範，準備過自由自在的生活享受。不過，絕大多數寺院長老，無法接受，不能認同，於是當下決定召集信眾，舉行研商會議。

研商會議，總計召集了五百位長老，共同參與，以商討如何弘揚佛陀傳播佛法理念，繼續普渡社會廣大眾生為題。最後與會長老提出三點結論：「第一、佛陀沒有說的法不能加進去」。「第二、佛陀已經說的法不能刪掉」。「第三、佛陀怎樣教導我們就怎樣做」。由於當時參與達成這項會議結論的長老，都是上座，所以後人稱為「上座部佛教」。學術界稱為「南傳佛教」，日本稱為「南方佛教」。佛教會長老們，基於傳播佛法需要，進一步籌組九個傳播佛法團隊，其中第九傳播團隊，前往南方傳播佛法，第一站到了斯里蘭卡，截至現在已有二千五百餘年歷史，之後繼續傳播至緬甸、泰國、寮國、柬埔寨、越南、中國雲南，甚至位在遠東的日本等國家或地區，因為南傳團隊的第一站是前往南方，後人稱之為「南傳上座部佛教」。這就是「南傳上座部佛教」之由來。

所謂「南傳上座部佛教」，謹守巴力三藏，也就是「律藏」、「經藏」、「論藏」等，在每個人的內心世界，只有「釋迦牟尼佛」一尊佛陀，沒有其他諸神之存在，他們信仰禮拜，既不燒香，也不燒紙，僅由衷地向「釋迦牟尼佛陀」學習與致敬。凡信仰「南傳上座部佛教」的國家或地區，寺院就是兒童接受教育的學校，是當地民眾的社區活動中心，舉行會議的場所，公共活動的處所。身為上座比丘，就是知識代表，道德楷模，心靈依靠，也是累積功德之對象，道德理想之導師。同時更扮演廣大信徒之精神導師，和心理醫師的角色，影響廣大眾生，幾乎無所不在，甚至也滲透到每個人的內心世界，左右每一個人的生活方式，行為模式，價值觀念，人生趣向等，幾乎無所不能。

傣族同胞，男孩有短期出家的傳統習俗，因為傣族男孩出家進修，是孩童的成年儀式，出家時間長短，並無特定限制，其目的在藉機學習傣文、佛法、傳統歷史文化、天文地理等知識，以及做人處世道理，生活行為準則，效法佛陀精神。傣族同胞的男性，唯有進入寺院當過和尚，才能獲得女性的青睞，否則只有等著做王老五的份。凡是家境較好的男孩，在七八歲之間進入佛寺時，必須穿戴全新服裝，由眾親友陪同護送，全程敲鑼打鼓，並在眾人歡送之下，正式進入佛寺，然後去髮，披上袈裟，開始平心靜氣，專心研讀經書，學習傣族文化，之後一切生活都得自食其力。也有人經過小學、中學、大學畢業，甚至就業之後，再請一周或一月的長假，回到佛寺靜修學習，所以傣族男性，在寺是出家的僧侶，回家仍是還俗的僧人，只是在不同時間與地點，扮演不同角色罷了，對於個人生活行為，並無任何影響，也沒太大差異。凡是年屆六十歲以上長者，每年將以三個月時間，回到佛寺進修，俗稱為關門節，他們從此不可再有殺生行為，好生扮演一個愛護生命的老者。

所謂「北傳佛教」團隊，第一站則先到尼泊爾，並從尼泊爾開始傳播佛法，然後再相繼傳播至巴基斯坦、阿富汗、中國、韓國等國家。不過，就佛教傳播文化層面上來看，中華民族的確是一個宗教信仰包容性極大的民族，因為自古以來，佛教在中國境內流傳，竟然容納三大體系：第一漢傳佛教、第二藏傳佛教、第三南傳佛教。

所謂「南傳佛教」，計有下列幾項特點：一、南傳佛教信徒，精神上僅有一個中心信仰，那就是「釋迦牟尼」佛陀，也是信徒唯一的崇拜敬仰偶像。二、南傳佛教寺廟正廳，僅有一尊「釋迦牟尼」佛陀坐姿雕像。三、南傳佛教寺廟內的比丘，只須專心學佛、讀經、或學習傣族文字與文化，至於飲食問題，是由寺廟周邊村寨或部落，社區眾生所供養，不必擔憂民生問題。四、南傳佛教信徒，前往寺廟拜佛，僅帶鮮花即可，不須準備任何貢品，也沒有「燒香」或「燒紙錢」等習俗。五、南傳佛教寺廟比丘，飲食沒有任何禁忌，社區眾生提供什麼食物，就吃什麼食物。六、南傳佛教信徒，在寺廟內即為比丘，還俗即為在家僧人。七、南傳佛教比丘，還俗之後便可結婚生子。八、南傳佛教寺廟內比丘，具有崇高地位，縱然身為比丘之父母，前往寺廟拜佛，也要真心誠意地向比丘們行下跪禮。九、南傳佛教信徒，屆滿一定年齡必須進入寺廟，從事數年比丘，學習傣族文字與文學，研讀佛法與經典。十、南傳佛教信徒，在就學過程完畢並已就業之後，每年還要請一周或一月長假，返回寺廟內進修學習，近似基督徒的靈修活動。十一、南傳佛教信徒，凡年過六十以上之長者，每年將以三個月時間，進入寺廟靜修，從此不再殺生，表示愛護人畜眾生。十二、南傳佛教信徒，見面或感恩肢體動作，通常是「雙手合十」，閉目、低頭、彎腰等動作，代表對佛陀之崇拜與敬仰，所以他們對您行「雙手合十」招呼禮節，其實是表達「感恩佛陀保佑」，「感激佛陀照顧」，「感謝佛陀引導」等三層意義，不僅對您答禮而已。

全球華人佛教徒，習慣於見面或感恩時，通常會說上一句「阿彌陀佛」，但在南傳佛教地區或國家，事實上，是起不了任何作用的。原因在他們的內心世界，根本就沒有，也不認識什麼「玉皇大帝」、「觀世音普薩」、「如來佛」，或「王母娘娘」、「太上老君」等諸佛大名。一旦跟他（她）們碰面，總會說上一句所謂「阿彌陀佛」之類的佛教徒慣用語言，他們如果沒有任何反應，請您不要見怪才好。

接下來將簡單扼要介紹，基督教、伊斯蘭教、佛教等全球三大宗教，過去與現在等概況，敬請讀者參考。

基督教，創始人：耶穌基督，公元前四年間，誕生於以色列之伯利恆，主要經典：「聖經」。目前教徒總人口數，已超過二十億人，占全球總人口數百分之三十二點九，是全球教徒人口數最多的宗教。基督教聖地：耶路撒冷，但是天主教聖地，除耶路撒冷外，還有梵諦岡。

伊斯蘭教，創始人：穆罕默德先知，公元五七〇年間，誕生於沙烏地阿拉伯麥加，主要經典：「可蘭經」。目前教徒總人口數，已超過十二億人，占全球總人口數百分之十九點九。伊斯蘭教聖地：麥加、麥地那、耶路撒冷。

佛教，創始人：釋迦牟尼佛陀，原籍中印度之釋迦國人，西元前六世紀間，誕生於藍毗尼園之忘憂樹下，位於印度與泥泊爾兩國邊界處，主要經典：「金剛經」。目前教徒總人口數，已超過四億人，占全球總人口數百分之五點九。佛教在印度之四大聖地：藍毗尼園、菩提迦耶、鹿野苑、拘斯那揭羅。佛教在中國之四大道場：普陀山、九華山、五台山、峨嵋山。佛教在台灣之五大道場：中台山、法鼓山、佛光山、慈濟精舍、靈鷲山。素有三王一后一公子之稱，所謂三王，即佛光山的星雲大師、法鼓山的聖嚴法師、中台山的惟覺法師，一后即慈濟精舍的證言法師，一公子即靈鷲山的心道法師。總之，全球三大宗教彼此之間，在信仰上，雖有若干差異，但在教義上、功能上、目的上、作用上，出發點上，加以分析探討，卻是本於仁愛，用意善良，目標一致，殊途同歸，並無任何衝突之處。

當今全球人類當中，還有將近十六億人口，至今仍無任何宗教信仰，猶待三大宗教徒，善盡宣教責任，爭取他（她）們盡快有所依歸，凡屬「心靈無所寄託者」，「精神無所依靠者」，「行為無所方向者」，共同參與三大宗教活動，讓人間處處充滿「信心」、「希望」、「仁愛」等宗教關懷，使全球人類都能找到自己心靈寄託，精神依靠，行為指南。

## 族群文學

傣族同胞，是一個歷史悠久的族群，自古以來就一直繁延綿延，生息在中國之西南地區。傣族擁有古老而獨特之曆法，時至今日，距離公元年曆，相差有六百三十八年之久，即公元六百三十九年為傣曆元年，不過「年」與「月」兩者之間，有很大的差異，其中「年」屬於「陽曆」，但「月」則屬於「陰曆」。這是傣年曆與公元年曆或西元年曆之間，有所差異之處。傣年曆法將一年分為三季：一至四月為冷季；五至八月為熱季；九至十月為雨季，每隔三年之九月為閏月，這種傣年曆法，完全適用於中國境內之傣族群居，以及分佈在緬甸、泰國、寮國、越南、印度等各國境內之傣族群居。

傣族同胞，在文學發展史上，分為四個階段：第一階段，是古歌、神話等，創世史詩產生發達時期；第二階段，是英雄、史詩、傳說、歌謠等，形成昌盛時期；第三階段，是故事、敘事、長詩等，興起與繁榮時期；第四階段，是新文學蓬勃茁壯時期。著名歌謠計有三十餘首，反映出原始時期傣族先民生活動態與生活型態，計有天地起源神話、人類起源神話、圖騰神話、洪水神話等。至於歌謠種類，計有情歌、習俗歌、勞動歌、童謠歌等。另外也有不少史詩，尤其詩歌數量多達五百五十五部，是中華民族珍貴的文化資產。

## 族群戲劇

傣族同胞，在族群戲劇方面，以中國大陸而言，它是雲南省境內獨具特色的少數民族之一，唯因當今屬於新世代的年輕人，大多不是很容易聽得懂，結果造成隔閡，以致不太喜歡傣族戲劇，縱然有心推動，也很不容易，以致成效大受影響，無法繼續發揚光大。猶待年輕一代傣族有心之士，共同加入研究發展行列，積極參與經營，進而迎頭趕上，以挽救傣族戲劇日趨沒落，無法繼續精進，甚至有人也擔憂，是否會有那麼一天，恐將消失於無形。

## 族群舞蹈

傣族同胞，在舞蹈種類部分，就種類來區分，計有大象舞、孔雀舞、魚舞、蝴蝶舞、篾帽舞、鼓舞、跳龍舞、槍舞、刀舞、棍舞、拳舞、依拉賀舞、斗笠舞、雞舞、十二馬舞、戛舞等十六種之多。若以性質上來加以區分，計有「自娛性質」、「表演性質」、「祭祀性質」、「武術性質」等四種。其中屬於「自娛性質」者，僅有「象腳舞」一種舞蹈型態，而「象腳舞」則又區分為「長象腳」、「中象腳」、「小象腳」等三種舞蹈型態，而這種舞蹈基本上，是由男性負責表演，展現出柔中帶剛的舞蹈，舞步表現得十分粗獷、狂野、奔放、靈活、矯健、敏捷、陽剛等特性。屬於「表演性質」者，計有大象舞、孔雀舞、魚舞、蝴蝶舞、篾帽舞等五種舞蹈型態，不論男性或女性，均可參與演出。屬於「祭祀性質」者，也有鼓舞、跳龍舞等兩種，也是僅有男性擔任表演角色。屬於「武術性質」者，計有槍舞、刀舞、棍舞、拳舞等四種，也是由男性負責表演。在音色曲調及節奏方面，表現得靈活、優美、抒情，一向深受人們所喜愛，例如著名舞蹈家有刀美蘭女士，就以優美的孔雀舞而聞名於中外，深受各界之肯定，普獲各界給與熱烈之掌聲和鼓勵。

## 族群節慶

傣族同胞，在節日活動方面，項目很多，但最能帶動熱鬧氣氛，並引起人們忘卻一切憂愁與煩惱者，莫過於大家可以放情參與的「潑水節」活動。當每年度欣逢這一天來臨之際，傣族同胞，將不分男女老幼，家家戶戶全員出動，任何可以盛水容器通通出籠，走在街道上或馬路上，見人就潑下去，不管您是否願意接受。這代表可以藉此機會，洗去一切憂愁與煩惱，迎接新的一年之來臨。因為「潑水節」是傣族之新年，具有送舊迎新的意義，也最富有一種民族特色之節日，其節期在傣曆六月間，也就是公曆四月中旬，凡在這一天傣族人人都要拜佛，並以鼓聲、鑼聲、叫聲、笑聲、歡呼聲，炒熱活動氣氛，與慶祝場面，同時還舉行龍舟賽，放高昇，放飛燈，以及歌舞晚會活動。目前在台灣之新北市中和區南勢角一帶，每年都有類似之「潑水節」慶祝活動，吸引各地各族民眾前來參與，盛況空前，屆時值得您前往一看究竟。

## 族群音樂

傣族同胞，在音樂演奏方面，所使用的樂器，基本上，以鼓、鑼兩種為主，鼓的種類區分為長鼓、中鼓、小鼓等三種類型，舉凡村寨或部落內有婚、喪、喜、慶等活動，都需要用鼓聲來支撐場面，增加熱鬧氣氛。鼓的敲打方式，也區分為用拳敲打者，用掌敲打者，用指敲打者，用肘敲打者，用膝敲打者，用足跟敲打者，用腳指敲打者七種方式之多。至於鑼的種類，也有大鑼、中鑼、小鑼等三種類型，必須配合鼓聲敲打，兩者有密切之關連性，共通性。但不論是敲鼓者或是敲鑼者，都需要以美妙之舞步來配合演出，才能表現出淋漓盡致的美感。傣族人士參與敲鑼打鼓者，一律由男性負責，其使用舞步顯得非常之矯健、粗獷、很富有柔美感，至於舞步也變化多端，完全表現出傣族人士勤勞勇敢，溫柔善良的一面。

## 族群建築

傣族同胞，在居住問題上，其房屋形狀，以城市居民而言，其建築物結構，原則上，以比較結實的平頂土掌屋為主，也就是房屋結構體，是以土木混合建築而成，一般來說屬於兩層式建築物，下面一層為住家使用，上面一層為儲藏室，如放置糧食、農耕工具、工作用具或其他雜物等，這種建築物屋頂厚度約為三尺左右，其最大的優點，可以達到防熱、保涼、禦寒、保暖等四項功能，可見構想的確周全。但是這種建築型態，也湊巧和其他少數民族，如佤族的建築，在樓層使用配置上，剛好相反，原因是其他少數民族之建築物使用分配，樓的下層，原則上，用以堆放雜物或工具，或者供作圈養家畜或家禽使用，樓上一層才是提供家人使用。傣族人家若圈養牲畜或家禽，原則上，在經濟能力許可範圍內，將另為牲畜或家禽，建造單獨的圈養環境，避免造成人畜混雜而居，以維持居家生活環境衛生。房屋建造，基本上，需要委託建築專家，或專門人士負責規劃、設計、施工，其建造過程與步驟，跟其他民族沒有太大差別。至於偏遠地區之傣族村寨或部落，其建築物形狀，跟佤族之建築物形狀很類似，其樓層使用分配方式，也完全相同。但其中最大之差別在於，在建築材料上，係使用木材、竹材、茅草、樹藤等，最原始又環保的建築材料，完全取自山中，建築人工也是來自左鄰右舍，建材與人工完全免費，不需任何花費，即可達成目標理想，是一種既經濟又實惠的互助合作模式，也是值得推廣的一種所謂綠色建築，讓生活在現代的都市人，甚至一般無殼蝸牛所羨慕！

## 族群飲食

傣族同胞，在飲食方面，基本上，是以米食為主的族群，也是以糯米為主食的族群，他（她）們所居住的區域，是以生產糯米為主，產量非常豐富，一年僅需生產一次稻作，即可足夠家人一年生活所需。傣族同胞，有關「吃的文化」，一向以「酸甜苦辣」而著稱。縱觀中南半島上的各國，與其他各民族相比，身材竟有天壤之別，由此可體認到，在他（她）們族群之中，不論男女老幼，少有肥胖者出現在街頭，原因就是他（她）們所吃的食物，總是帶有一點「酸甜苦辣」味，可讓他（她）們胃中的食物，發生中和作用，縱使他（她）們所吃的是糯米飯，也不必擔心消化不良問題。

傣族同胞，是一個靠水吃水的族群，他（她）們大多濱水而居，住家就在溪流旁邊，耕種的是水田，種植的是水稻，吃的是糯米飯。在副食品方面，他（她）們幾乎什麼都吃，沒有任何禁忌。不過，他（她）們所吃的食物，還是以吃水產為主，如魚蝦之類比較多，機會也很大，尤其魚蝦的獲得，根本不費吹灰之力，即可手到擒來，可稱得上是不勞而獲。傣族同胞，通常於傍晚時分，選在溪流旁魚蝦容易出沒處，設下竹籠陷阱，引誘魚蝦在夜深人靜之際，自投落網，等到天亮時分，再前往收取成果，僅就如此也足以提供全家大小，一天所需的食物與營養需求，於是華人稱他（她）們是一個樂天知命的民族，的確非常貼切。

傣族同胞，在餐飲方面，基本上，各村寨或部落，各家戶每天僅吃兩餐，也就是我們華人形容他（她）們的，所謂「朝九晚五」兩次用餐方式，如果經濟能力許可，或於農忙季節，有時也吃三餐，但一般來說，家庭主婦總會在早上，為家人準備一杯奶茶，以維持全家老小所需營養。

傣族同胞，在宗教責任與義務方面，基本上，有供養寺廟比丘的責任與義務，所以家庭主婦在燒好午餐（一天只燒一次，午晚餐一次到位，晚餐就免燒了）之後，必須先將供養寺廟比丘所需食物，用芭蕉葉分類包裝妥當，等候寺廟小比丘前來取回，然後自己家人才能進食，否則就是對佛陀與比丘的一種大不敬。

傣族同胞，就用餐方式而言，基本上，屬於用手抓飯的族群，不論家庭或公共用餐，原則上，是每人單獨吃自己的一份，非常符合衛生標準，縱然骯髒也是屬於個人的事，不會影響他（她）人，不像我們華人，雖然自認為文明古國，但是大家在習慣上，都以同桌用餐為主，而每個人又將自己所用的筷子，往公用盤裡夾菜，再將筷子和菜送進嘴裡，如此不停地來回，是一種很不衛生的飲食方式，這在傣族人士而言，是不合衛生要求，肯定難以接受。筆者回國至今，已經時隔半個世紀，但是截至目前為止，我們華人的飲食方式，我還是認為不太符合衛生標準，這種根深蒂固的觀念，久久無法適應。所以，凡在團體用餐時，一旦同桌人用自己的筷子，往湯碗裡撈取食物，我就立即放棄再吃那一碗（鍋）湯。

傣族同胞，各家戶縱然家庭環境不是很富有，但是依舊遵循固有習慣，以不吃所謂「隔夜飯」為原則，這點除了基於衛生之外，或許也是跟他（她）們，每日必須供養寺廟比丘，有一定的關係，因此各家戶一律不吃「隔夜飯」，以表達對寺廟比丘的尊敬，也保障家人的身心健康。

傣族同胞，都以「糯米」為其主食，不論居家或外出，都愛吃用芭蕉葉包裝的「糯米飯」，吃起來不僅有糯米飯的香醇，還有芭蕉葉獨特的香味。其實真正原因在於，傣族家戶所吃的「糯米飯」，原則上，是以竹製蒸籠蒸的，非常之可口好吃，縱然沒有搭配菜餚，也有可口的享受，而且各家戶時常預留備份，以供不時之需。到了傣族（擺族）村寨或部落，不論任何人，甚至於路過傣族村寨或部落的外地人，也可開口向他（她）們討點「糯米飯」，他（她）們一定欣然同意，絕不會拒人千里之外，所以一旦有此需要，請您不用客氣，就大膽地跟他（她）們伸出友誼的手吧。

## 族群水利

傣族同胞，其碾米作業方式，非常之特別，原因是他（她）們懂得，充分運用水利天然資源，凡事根本不費吹灰之力，便可完成預期工作，其中以碾米工程而言，更是運用得宜。事實上，他（她）們的「水利技術」，也就是所謂的「水力動能」。他（她）們常在河川或溪流湍急之處，設置輪轉式「水力動能車」，利用水力動能車代工，村寨或部落居民，以先來後到順序，進行碾米工程，既經濟又實惠，的確是一種很原始，又很環保的碾米技術，值得第三世界國家，或民族參考，進一步擴大推廣實施，對他（她）們族群的環保節能創意作法，以及充分利用天然水利資源構想，值得加以肯定和鼓勵！

## 族群服飾

傣族同胞，在服飾款式方面，除分佈在中國、泰國、緬甸三國境內，且住在城市內之傣族群居，在服飾穿著方面，已經因配合社會進化腳步，而有所變化之外，至於住在鄉間村寨或部落的族群，仍舊愛穿自己族群獨有的服裝款式。不論目前住在那一國度，在穿著上，幾乎大同小異，沒有多大差別。她們喜愛束長髮，有的長度幾乎到了腳跟，然後再編成辮子或結成髮結，有的也戴上頭巾或帽子，因族系之不同而有所差異。傣族女性的服飾，基本上，上身穿著無領對襟袖衫，衣衫緊身而較短，其下擺僅及腰部，充分顯露出每個人的美妙身材，下身則穿著長筒裙，其裙管長度幾乎到達腳面，長筒裙之圓周幅度很寬，使用打折方式加以固定於腰際之間，不必使用腰帶，也照樣可以有效保障女性個人之隱私，請您不必為她們有所擔憂。至於傣族男性在穿著方面，也是與女性服裝款式相同，同樣屬於無領對襟袖衫，但衣袖圓周幅度比較寬大，袖長分為兩種款式，其中一種長度僅及手肘之一半，另一種則長度達到手腕部位。頭部以白布或藍布纏繞一圈再打上一個優美的結，頭巾所使用之布料，也可以展示個人不同之財富程度。傣族服裝材料來源，原則上，是以自製為主，他（她）們都由自己的家族，從種植棉花，照顧棉花，採收棉花，到紡紗、織布、染色、縫製等過程，才能大功告成，所以他（她）們在穿著方面，幾乎全靠自食其力方式完成，不需依靠外來進口，照樣也能滿足族群的穿著需求。我等異域的游擊隊員，將利用傣族女性晚間紡紗機會，前去搭訕或藉機聊天，其實醉翁之意，不在酒，心裡只想接近她們，贏得美人芳心罷了，所以有無數的游擊隊員，在異域征戰期間，縱然處在兵荒馬亂之中，還能完成個人的終身大事，滿足娶妻生子願望，給中緬兩國結下無數姻緣，也給兩國有情男女，寫下許多美麗動人的詩篇。

## 族群交通

傣族同胞，在交通工具方面，除居住城市居民，多已使用現代化交通工具外，分佈在偏遠山區村寨或部落的族群，由於交通建設還不夠完備，連外道路網還不夠普及，所使用的交通工具，仍然需要依靠傳統式，如腳踏車、牛車、馬車、騾馬，或獨木舟等，作為族群的交通工具，其中「牛車」與「獨木舟」兩種交通工具，使用率亟為普遍。

緬甸撣邦境內的傣（撣）族，尤其住在偏遠山區村寨或部落居民，由於轄內交通建設相當落後，政府鞭長莫及，愛莫能助，撣族人士必須依靠自己，解決交通問題。於是他（她）們使用牛車及獨木舟，作為交通運輸工具，非常的普遍，幾乎每一家戶都愛用，主要的原因在於，這兩種交通工具，既經濟又實惠，既節能又環保，不需要消耗任何能源，即可擁有屬於自己族群或家人的交通工具。也可供作村寨或部落，連外的交通運輸工具。此外也可利用騾、馬馱運貨物，或供人騎乘，也十分普遍。在撣邦偏遠地區，每一村寨或部落，傣（撣）族家庭，都擁有這兩種交通工具，也是他（她）們族群，共同喜愛的交通工具。

傣族同胞，所使用之牛車，與其他族群使用的牛車，在構造上，有很大的差異，傣族所用的牛車款式，屬於雙牛協力型，也就是用兩頭牛共同拉車，而所用的牛隻，不論顏色上、高度、體型等，幾乎完全一致，它代表一種文化，一種特色，一種很人性化的表現。他（她）們甚至懂得如何體恤牛隻辛勞，絕不會讓牛兄牛弟，感到不自在或不舒服。緬甸撣邦境內的牛車，車輪直徑比較大，約在一點五公尺左右，輪胎主體內緣支架部分，全用木材製造，輪胎外緣包上一層，厚約十公分左右鐵皮，避免木質輪胎與路面接觸，受到磨損，延長牛車使用壽命。至於採用大尺度輪胎，據說牛車行駛在崎嶇地形，或通過狀況較差路段，可以增加行車便利，減輕牛隻的體力負擔。

## 族群禁忌

各地區傣族村寨或部落，有各種不同的禁忌，不管您喜不喜歡，或信與不信，但總不能妨害他（她）們的傳統習俗，或固有文化與宗教信仰。總之，傣族同胞，在日常生活當中，計有以下若干禁忌，請您加以尊重，以便能和他（她）們維持和諧融洽的族群關係。

第一、傣族村寨或部落，不歡迎外人騎馬、趕牛、挑擔和蓬頭垢面者，進入村寨或部落，以及路過村寨或部落。

第二、外人進入傣族人家中，不論任何身份或職位，必須脫鞋，以示對主人的尊重。

第三、外人進入傣族人家，絕對不可坐在火堂之上方，否則就是一種猥褻行為。

第四、外人進入傣族人家，絕對不可跨越火爐，否則就是一種大不敬，也是一種挑釁行為。

第五、外人進入傣族人家，絕對不可擅自進入主人臥室，否則就是一種越軌行為。

第六、外人進入傣族人家，不可坐在進門之門檻上，以免違反族群禁忌。

第七、外人進入傣族人家，不能移動火爐上的三角架，否則將會給他的家屬帶來厄運。

第八、外人進入傣族人家，不能用腳來踏熄火爐或火苗，以免觸怒灶神。

第九、外人進入傣族人家，不可吹口哨，以免招引孤魂野鬼進入屋內。

第十、外人進入傣族人家，不可在室內修剪手指甲或腳指甲，以免違背族群規矩。

第十一、外人進入傣族人家，不可使用自己或他人的衣服，當作枕頭，也不坐在枕頭之上，以示尊重。

第十二、外人進入傣族人家，晾晒衣服方式，必須按上衣在上，褲裙在下順序為之。

第十三、外人進入傣族村寨或部落或寺廟，不可觸摸和尚或兒童之頭部，以表示對俗人或比丘之尊重。

第十四、外人進入傣族村寨或部落之寺廟，不可大聲嚷嚷或喧嘩以表示對佛陀之尊重與敬仰。

第十五、外人進入傣族村寨或部落，不能有點香，或燃燒紙錢或燃放鞭炮等。

第十六、外人進入傣族村寨或部落寺廟，如遇見上座比丘時，必須行跪拜禮，或用雙手合十鞠躬致敬。

第十七、外人進入傣族村寨或部落寺廟，僅用鮮花祭祀即可，不必攜帶其它祭品。

第十八、外人進入傣族村寨或部落，前往溪邊洗澡時，必須入境隨俗，隨遇而安，保持自然態度，不可帶有色眼光，或有左顧右盼行為。

第十九、外人進入傣族村寨或部落，不得有偷竊犯罪行為，否則將會給自己帶來嚴重的犯罪後果。

# 回族篇

回族，又有所謂「回回」之稱，原因在於「回」字，就字面上來看，卻是「大口」之中，還有「小口」，也就是口中有口。據說此一名稱之由來，原是沿用伊斯蘭教在中國舊有的名稱，是有所根據的，不是隨便杜撰。

回族同胞，是國父孫中山先生倡導革命初期，所提出的民族融合政策與主張，係以漢、滿、蒙、回、藏等五族共和，為其奮鬥目標，是我中華民族五大主體民族之一，更是我中華民族五十六個民族的一份子。

## 族群人口

回族同胞，目前族群總人口數，已經超過一千萬人，在中華民族人口統計排名順位上，已經高居第四順位，與其他族群相比，算是一個不小的族群。

## 族群分佈

回族同胞，在中國境內的分佈區域，除了寧夏回族自治區之外，另在新疆、青海、甘肅、陝西、山西、河北、天津、北京、上海、江蘇、雲南、山東、內蒙古、遼寧、吉林、黑龍江、台灣，甚至海外僑居地區等。不過，回族分佈區域，不論在任何國家或地區，原則上，依舊保持所謂「小集中，大分散」的民族生存發展特性。族群基於就學、就業、或就養問題需要，分散到全國各省、市、區域內，甚至分散至全球各國家或地區，依然保持這項傳統居住習慣。回族同胞，基本上，雖很擅長經營商業，但不論族群居住何處，仍舊以從事農耕業、畜牧業、手工業、美食業為主。

## 回族語言

回族同胞，擁有自己族群的語言與文字，並有悠久的文化，以及深遠的歷史根基。但在中國境內，仍以華語文為其主要的語文，以便融入漢族社群，開拓族群的廣闊生活視野，以及族群的生存發展空間。阿拉伯語文或波斯語文為次之，也就是在使用華語文的同時，也能保留了自己族群原有的語言文化根基，充分凸顯並強調自己族群的語文，以及文化屬性與特色。另在學習族群語文方面，平日居家時，可用自己族群的母語，使自己族群的母語，能繼續得以維持傳承。其次也透過「經語堂」，學習自己族群的語言。所謂「經語堂」，是屬於回族自己的語言，它具有兩個元素：其一、細說自己民族的事情。其二、凸顯自己民族的精神。再其次，也有所謂「小兒錦」，是回族自己族群創造出來的通用語言，也是生活用語之中，所包含的一切語言形式。

## 族群血統

回族同胞，在血統方面，基本上，是以中東之阿拉伯，及波斯族系為其主體，伊斯蘭成為強而有力的核心，凝結成為一個天授的穆斯林民族，以認真主獨一無二為其民族的向心力，幾乎是神聖不可侵犯。回族同胞，認為自己的民族血統，是非常優秀的族群，更有悠久光榮的民族歷史傳統，全伊斯蘭教徒，都以此血統感到驕傲與自豪。

## 族群信仰

回族同胞，是以信仰伊斯蘭教義為主的民族，他（她）們篤信「可蘭經」與「真主」的虔誠態度，並非今天人世之間，任何一個族群所及，他（她）們遵守教規的忠誠態度，實在令人嘆為觀止。全體伊斯蘭教徒，與基督教徒兩者之間，僅就這一點上，理念似有雷同之處，原因是兩教的教徒，絕不崇拜偶像，伊斯蘭教徒心中，念茲在茲所篤信者，唯有「真主」獨一無二。真主阿拉，已經具備所謂「至知」、「至能」、「至全」、「至善」，是全方位真神，祂幾乎「無所不在」，「無所不能」，「無所不有」。

伊斯蘭教徒，必須堅守五大信仰。所謂「五大信念」：一信「真主」、二信「天使」、三信「經典」、四信「聖人」、五信「復生」。同時也要念五功。所謂念「五功」：一念（行證詞）、二拜（行五禮）、三齋（行齋戒）、四課（行濟貧）、五朝（行朝聖）。所謂「五禮」：一「晨禮」、二「晌禮」、三「晡禮」、四「昏禮」、五「雷禮」。除此之外，還有週五舉行的所謂「聚禮」。

相傳穆罕默德先知，停留在耶路撒冷佈道期間，心裡思念故鄉麥加之間，再次獲得天使傳達真主指示，每日須有五次朝拜禮之規定，從此伊斯蘭教徒一致遵循此種禮拜規定，每日按時面向伊斯蘭教聖地麥加，進行五次朝拜禮，這就是伊斯蘭教「五禮」之由來。不論五大信念，或五功，早已成為伊斯蘭教徒的中心思想，全體教徒一致身體力行，誓死永志不渝。

回族同胞，在居住地區選擇方面，基本上，是以圍繞在清真寺周邊為原則，原因在於方便家族，前往清真寺禮拜或靜修活動。伊斯蘭教職長老「阿訇」，必須以身作則，帶領全體伊斯蘭教徒，虔誠地遵循教義「言行一致，口舌承認，心裡誠信，在生活習慣上，固守族群傳統，遵循教規，講究衛生，不吃豬肉或狗肉、不喝動物血液」等等各種教規，不論人在何處，身在何方，絲毫不可逾越。

回族同胞，所建造的清真寺，基本上，必須具有下列三大功能：第一、舉行禮拜和宗教活動。第二、傳播宗教知識文化。第三、培養專業教職人才。但不論伊斯蘭教徒，或其他任何人士，在進入清真寺之前，必須經過沐浴、燒香、穿上正式服裝，才能按照規定時間，進入清真寺內，所以，千萬不能隨便進入，以免引起眾怒，不受歡迎。

最後筆者想作點補充，今天全世界的三大宗教，不論基督教的耶穌基督，伊斯蘭教的穆罕默德先知，印度教的釋迦牟尼佛陀，全都降生在亞洲，這一份榮耀，的確值得我們全體（根據Google全球網路資訊二〇一〇統計數據，共有四十一億四千零三十三萬六千五百餘人）亞洲人民，共同的驕傲與自豪！不過，讓我們全體亞洲人民感到意外的是，三大宗教彼此之間，原本就是鄰居，形同兄弟，親如家人，但卻不斷地產生相互矛盾，相互排斥，相互仇視，相互鬥爭，相互殺戮等不良事件，可能是三大宗教創始人，很不想，也不願看到的事。謹此由衷地期望全球每一宗教，甚至於每一位教徒，都能相親相愛，相互尊重，相互包容，相互合作，相互肯定，相互支持，共同為這個多災多難的人類，紛亂不停的社會，徬徨無助的人們，提供心靈的淨化，形體的加持，精神的安撫，文明的精進，社會的祥和，犯罪的消弭，衝突的減少，災難的消除，人間的和諧，世界的進步，繁榮的促進等治療處方。這該是一件多麼美好的事！懇求耶穌基督、穆罕默德先知、釋迦牟尼佛陀等，三大宗教創始者，都能賜給全體人類恩典滿滿！一切順利平安！凡事稱心如意！每天快樂喜悅！生活幸福美滿！

## 族群節慶

回族同胞，雖然節慶項目很多，但基本上，仍以三大節日為主。所謂三大節日：第一為「開齋節」，又稱為「肉孜節」。第二為「古爾邦節」，又稱為「宰牲節」、「犧牲節」、「忠孝節」、「小開齋節」等。第三為「聖紀節」。另外也有一些小節日，例如所謂「阿舒拉節」、「姑太節」、「云人節」、「法圖麥節」、「登宵節」等。此類節日與三大節日之間的差異，在於舉辦時間之長短，參與人數之多寡，遵循項目有別，熱鬧氣氛較少等，均有所不同。緊接下來分別介紹如後：

### 開齋節

所謂開齋節，原因是伊斯蘭教徒，每年需經過一個月的「封齋」（註：所謂「封齋」，又稱之為「把齋」或「閉齋」）。期間，全體伊斯蘭教徒，必須遵循教規，身體力行，全面做到所謂「禁炊、禁食、禁房事」等戒律教規，讓自己有機會靜下心來，做到所謂「清心寡欲，表裡一致」，對於「耳、目、身、心」等器官，均須有所節制，進而多從事自己為人處世的檢討、反省、悔過、自新等，重新找回自己原有「天真活潑，真誠無私，積極奮發，勇敢堅強」的人生特質。在這「封齋」的一個月內，所有伊斯蘭教徒，必須參與「封齋」這項固有傳統歷史文化的習俗活動。在「封齋」期間，仍有可免參與「封齋」的教徒，計有九歲以下的男孩、七歲以下的女孩、老弱、病患、經期婦女、產期婦女等，其餘所有教徒，不分男女老幼，一律都要身體力行，全程參與「封齋月」戒律教規（註：所謂「封齋月」，又稱為「萊麥丹月」）。

相傳伊斯蘭教創始人穆罕默德，為伊斯蘭教之先知（註：出生於公元五百七十年在伊斯蘭教聖地，沙烏地阿拉伯之麥加，公元六百三十二年六月八日逝世，享壽六十三歲），在祂四十歲的那一年，真主把「可蘭經」傳給了祂，據說是由加麗列天使口中接到真主的第一則「諭示」，之後經過持續長達二十三的時間，終於匯集成著名經典「可蘭經」。穆罕默德先知四十歲的那一年，正是伊斯蘭教歷的九月。（註：所謂「教曆」，是指伊斯蘭教的年曆，但以月亮之盈虧為準，如全年有十二個月，單月三十天，雙月二十九天，平年三百五十四天，閏年三百五十五天，三十年之中，僅有一個閏年，但伊斯蘭教不置「閏月」。至於「教曆」與「公曆」之間，兩者時間差距，僅有十一天，「教曆」平均每三百二十六年，將會比「公曆」多出一年來。「教曆」又有「太陰年」和「太陽年」之分，回族同胞的「教曆年」，是以「太陽年」所計算出來的，這就是伊斯蘭教「教曆」的由來。）

伊斯蘭教徒，為了紀念先知的偉大與尊貴，從此以後將每年九月視為最吉慶，最尊貴，最快樂的一個月份，特訂定為「封齋月」，這就是回族「封齋月」之由來。至於「封齋」時間，由於族群眾多，難免意見紛歧，曾經出現數個門派，各有不同主張，所以全球性「封齋」時間不一，不過雖然「封齋」與「開齋」時間不一，但「封齋」期間必須維持一個足月，這點是所有伊斯蘭教徒，共同一致的信念，大家必須遵循教規，任何人都不能例外。另在「封齋月」的第二十七天，稱為蓋德爾夜，代表前定與高貴的意思，又叫「坐月」，在這一夜裡，所有伊斯蘭教徒，必須整晚守夜，這種習俗相當於漢民族的大年除夕守夜，幾乎通宵達旦，族群之間，或家族之間，大家聚在一起，吃喝與聊天，是一種比較很特殊的活動項目。

回族同胞，所謂「開齋」節之由來，原因是全體伊斯蘭教徒，歷經一個月之「封齋」之後，必須盡快恢復族群或家族原來各種生活步調，於是在「封齋」屆滿之次日，舉行隆重之「開齋」節慶活動，在這一天全體伊斯蘭教徒，必須提早起床，開始有關洗手、洗臉、漱口、沐浴、穿上正式服裝、燒香，才能前往清真寺禮拜，其次還有所謂「走墳」習俗，也就是這一天必須前往祖先墳園祭拜，表達慎終追遠，飲水思源，不忘祖先的心意。然後才能開始享受豐盛的美食大餐，甚至大家可以載歌載舞，舉行熱烈的慶祝活動。這就是所謂「開齋節」之由來。

古爾邦節

回族同胞，原則上，古爾邦節定於開齋後的第七十天，舉行這一個具有啟示作用的節日活動。相傳人類古代先知之一的易卜拉欣，在夜晚接到阿拉啟示，命他宰殺愛子伊斯瑪儀作為獻祭，考驗他的信仰忠誠態度，易卜拉欣先將屠刀磨得閃閃發光，而且非常鋒利，並對兒子說道：「我真的不忍心下手，你還是走吧。」但是兒子卻回答父親說道：「萬物非主，唯有真主，我們是真主的僕人，來世只為拜萬能至大的主。」並立即側臥好讓父親用刀，當他將屠刀架在愛子的喉頭上，正傷心得淚流滿面之際，真主派遣天仙背了一隻黑頭羚羊，當作獻祭，代替其子，展現對主的真誠，對父母的孝敬，這種為主犧牲奉獻，為父母敬孝的精神，值得全體伊斯蘭教徒一致學習校法。這就是所謂「古爾邦節」之由來。

聖紀節

回族同胞，所以紀念此一節日，乃是真主阿拉的誕辰與逝世紀念日。基本上，是訂於伊斯蘭教曆三月十二日舉行，在此節日當天，回族同胞首先前往清真寺誦經、贊聖，講述真主生平事蹟。然後需要捐獻糧食、食油、金錢等，並邀約若干教友一起分擔磨麵、採購，烹飪事務，製作美味食物，供給眾人品味，最後委托教友帶些油香，回去送給鄰居分享。全體伊斯蘭教徒，在此節日，盡可能做一些對社會人群有利益的好事。這就所謂「聖紀節」之由來。

## 族群飲食

回族同胞，在飲食方面，基本上，比較喜愛麵食，也就是以麵粉所製作而成的各種食物，種類繁多，琳瑯滿目，簡直讓人眼花撩亂，目不暇給。回族同胞的家庭婦女，所烹調的麵製美食，計有麵條、麵片等，比較具有民族特色者，例如釀皮、拉麵、撈麵、籠麵、大滷麵、肉絲炒麵、臊子麵、碎麵、烤麵餅、烤麵包、餃子、包子、烙包子、饊子、餄烙、麻食、餛飩、餛饃、麻花、柿餅、韭菜盒子、烙餅、油炸麵食等，另有羊肉和飯、豆腐腦、牛羊雜碎、牛羊頭湯、烤羊肉，或烤羊肉串等回族美食，的確多得不勝枚舉。

回族同胞，是以愛吃「羊肉」為主的族群，根據傳說，羊是屬於草食性動物，也是屬於標準的素食主義者，我們人類吃羊肉，等同吃素一般，是一種既健康又可口的人間美食。羊生來具有性情溫順，具有身體潔淨的天性，肉質甘甜可口，香味十足，我們吃下羊肉之後，也可產生開胃健身，驅寒助陽，益腎補虛等，多項營養與保健功能。羊肉也具有高蛋白質，優質脂肪，維生素與鈣、磷、鐵等礦物質，是一種值得品味的美食。各地回族同胞，也愛吃牛肉，但其牛隻，基本上，必須是經由長老阿訇，親自代為宰殺，否則就不符合教規的標準要求。

回族同胞，也吃魚肉，但所吃的魚類，必須符合所謂「腹下有鰭，身上有鱗，脊上有刺，有頭有尾」的標準要求，才算合格，否則類似「像魚不是魚，叫魚不是魚」之類的魚，原則上，還是不符合教規的標準要求，否則不可以吃。各地回族同胞，也吃家畜類，例如雞肉或鴨肉，但其他飛禽類的肉，還是不能吃的。回族同胞也吃鹿肉，但事先須將鹿身上的血液全部放掉，才可以吃鹿肉，原因是必須經過此一步驟，才能符合教規要求標準，唯有經過這種程序，才能讓他（她）們吃得安心，所以規矩與限制，還真的不少。

回族同胞，擅長於煎、炒、燴、炸、爆、烤等廚藝，因此他（她）們所烹飪的美食，素有品種多，花樣新，味道香，技術精而聞名天下，享譽世界。各地回族同胞所設計的宴席，基本上，已經完全符合所謂品種多、花樣新，味道香、技術精的烹調要求，一般而言，宴席必須具備所謂五羅（熱炒）、四海（湯頭）、九魁或十三花（碗裝）等，種類及花樣，實在多得不勝枚舉。

# 族群飲茶

回族同胞，在飲茶文化方面，素有飲茶大眾化的趨勢，飲茶對他（她）們的族群來說，不論男女老幼，是日常生活中，不可或缺的一部分，也是族群文化的一種生活習慣。他（她）們也以在飲茶之同時，搭配可口點心而聞名，充分顯示出族群文化的特色。回族同胞的飲茶方式，有泡清茶及奶茶等兩種飲茶方式。但基本上，回族同胞在飲茶時，必須搭配各種不同的甜點來搭配，這項點心搭配，在內容上也很考究。他（她）們所使用的甜點種類繁多，計有饊子、麻花、麻食、飴烙、烤餅、烤麵包、餛饃、烙餅、柿餅、紅棗、葡萄乾、無花果乾等乾果類，簡直能讓人垂涎三尺，而不怕貽笑大方。

回族同胞，就飲茶方式而言，基本上，是以所謂「蓋碗茶」為原則。主人奉茶順序，傳統上，則以「先長後幼，先尊後卑，先來後到」順序為之，當然在原則上，通常是以最受主人尊敬的賓客為優先。不過他（她）們喝茶，也有一些不成文規矩，例如客人在接到主人端來的「蓋碗茶」之後，不能按照自己的習慣來喝，必須依照回族同胞的規矩飲用，一般而言，規矩計有下列三個步驟：第一、客人不可拿掉茶碗上之碗蓋。第二、客人不能用嘴吹浮在碗內的茶葉。第三、客人須先用左手拿起茶碗托盤，再用右手抓起茶碗蓋，然後在茶碗上輕刮幾下。或許您會問，為何作此動作？根據他（她）們說法，此種刮碗動作，可發揮三項功能：其一、撥開浮在碗內的茶葉。其二、促使冰糖能夠融化（至於刮蓋子也有三項作用：（一）刮出甜味。（二）刮出香味。（三）刮出茶露變清湯）。其三、最後再將蓋子成為傾斜狀，即可用嘴在碗邊吸著喝，絕對避免用狼吞虎嚥方式喝茶，以免遭受他（她）人非議。客人對主人所奉上的茶飲，一定將其全部喝完，如果客人對主人奉送的蓋碗茶，既不碰，也不喝，那就表示對主人不夠尊重，算是一種失禮的行為，一旦有機會前往回族同胞家中作客，必須注意這些規矩，以免讓主人失望。

## 族群婚俗

回族同胞，在婚姻關係方面，就居住在兩岸之回族同胞而言，完全遵照國家法律制度規定，仍然維持一夫一妻制，但原則上，在大陸的回族同胞，僅允許本族內通婚，若外族女性嫁給回族男性，必須先要放棄原來的宗教信仰，並且自願進教，成為伊斯蘭教，也就是所謂「許進不許出」的傳統規矩，並同意與夫居住。回族同胞，在婚禮方面，以在週五舉行為原則，原因在於，週五是伊斯蘭教最吉利的日子，適合在這天舉行婚禮，但齋戒月除外。回族同胞舉行婚禮，強調莊嚴而隆重，尤其婚禮進行時，必須邀請長老阿訇朗誦「尼卡哈」，進行證婚儀式，並致詞表達祝賀之意。期望新婚夫妻結婚之後，盡可能做到所謂「愛之以德」，「敬之以禮」的要求。至於婚後夫妻家庭分工，原則上，「夫對外，妻對內」，但彼此之間依然需要「相互謙讓」，「相互幫助」，「精誠一致」，「家道乃成」，「相親相愛」，「孝順父母」，「愛國愛家」，「奉公守法」，「善盡國民義務」，「贊助公益」。

回族同胞，在男女雙方論及婚嫁時，必須先由男方下聘，完成訂親程序，這項訂親程序，回族同胞稱之為「吃娘茶」，在正式舉行婚禮時，須邀請阿訇朗誦所謂「光道口」之後，宴席才能正式開始。宴席種類計有所謂「五羅」、「四海」、「九魁」、「十三花」等。在婚禮進行時，必然是賓客眾多，場面熱鬧，氣氛融洽，在宴席進行中，除招待各式各樣美食之外，也搭配一些果汁、甜湯、或奶茶等飲料。最後還有新人及來賓一起載歌載舞，眾人熱烈歡聚一堂，使婚禮在熱鬧聲中，劃下完美句點。所以，回族同胞的婚禮，是非常之熱鬧。雖然婚禮開始時，因限於宗教與禮俗之約束，氣氛必須隆重莊嚴，一旦喜宴開始之後，場面將會變得輕鬆、活潑、愉快，使婚禮都能在歡笑聲中落幕。

所謂「窈窕淑女，君子好逑」，不過請君千萬可別弄錯對象了，以免遭到拒絕，甚至惹禍上身。原因在於回族同胞，在婚嫁問題上，前面已經提過，是採取所謂「許進不許出」原則，也就是說，不論想娶伊斯蘭教女性的外族男性，基本上，得先入教，正式成為伊斯蘭教徒之後，再來論及婚姻問題。凡想嫁給伊斯蘭教男性為妻之外族女性，同樣也得先入教，正式成為伊斯蘭教徒之後，再來論及婚嫁問題。至於原本是伊斯蘭教的女性，原則上，一律不允許嫁給外族男性為妻。這種規矩，似乎稍為自私了一點，而且很不公平，實在不夠寬宏大量，期望更加寬容並蓄，勇於接納其他族群。

## 族群服飾

回族同胞，在服裝穿著方面，以出色鮮明，多彩多姿，絢爛奪目，為其族群服飾特色，時至今日，他（她）們依然維持中亞民族在服飾方面的傳統穿著與打扮，實在很不容易，由此充分證明他（她）們熱愛自己族群文化的天性與毅力，實在讓人趕到欽佩！回族同胞的穿著打扮，在人群之中，我們很快就能辨識出他（她）們的身影，因此，容易給人產生刻板印象。

回族同胞，在服飾款式方面，因受限於傳統文化與族群習俗的約束，在服飾使用材料、顏色、花樣、手工、品質等各個層面上，還是以極盡奢華為能事，充分展現族群、家族，或個人，所擁有的財富與經濟實力。其中男性部分，千篇一律頭戴小白帽，不過小白帽也有兩種款式，一種為圓形平頂，另一種為六菱形，較為富有人家，或講究生活品味者，還會在圓帽之上繡上精美圖案或標誌，以增加其美感，圓帽使用材質，就普及性來看，係以白布縫製而成，經濟情況較好者，也用白絲或黑絲縫製而成。至於女性部分，則千篇一律佩帶頭巾，代表宗教信仰之執著，象徵清新、秀麗、明亮、悅目、活潑、大方。頭巾也有多種款式，依據老年、中年、少年等不同年齡層之分，其中年齡較大者，頭巾尺碼較長，一般而言，大多超過肩膀，年齡越輕尺碼也就越短。至於顏色方面，充分顯示不同身分，如年長女性，多以白色或灰色系列為主，代表穩重、純潔、大方。中年已婚女性，多以黑色或深色系列為主，代表賢淑、莊重、高雅。年輕未婚女性，則以紅色、綠色、花色等系列為主，代表清新、秀麗、活潑。她們老、中、青三代，區分已經很清楚，夠明白，千萬不可弄錯對象，以免惹禍上身，除給自己帶來橫禍，也給對方帶來災難。因為伊斯蘭教對已婚女性，一旦發生不軌行為，將遭受鞭刑處罰。這可不是鬧著玩的，還請小心為妙，以免害人害己。

回族同胞，在服裝穿著方面，其中男性部分，頭戴圓頂帽，身穿單一系列之白色襯衫為主，加上青黑坎肩，長褲顏色則以白色、青色、黑色等不一而定。至於女性部分，原則上，以穿著套裝為主，但在長袍之內還需穿著長褲，且絕大多數女性長者，有愛紮褲褪的習慣，此種習慣據說是基於以下三種作用：一、保護作用。二、裝飾作用。三、信仰作用。至於服裝使用材料、顏色、也須按照不同之年齡層，而有所區別。

回族同胞，在服飾材料方面，最愛絲、綢、紗三類產品，所以或許您還有記憶，在媒體廣告之中，曾經出現過一支廣告，其內容在推銷所謂「愛得蘭絲」，這種絲質產品，或許您還不知道它究竟來自何處，事實上，這它就產自中國大陸的新疆。回族同胞對於絲、綢、紗三種產品，非常喜歡愛用，而且用途極為普遍，一般而言，用來製作服裝、圍巾、帽子等，市場供需量非常之很大，銷售範圍也很廣。

## 族群建築

回族同胞，在族群居住範圍上，雖然遍及每個省區，除居住在城市者外，凡是族群人口較為集中，如西北地區而言，基本上，建築物形狀及結構，也很特別，所用建築材料，原則上，以土磚、石磚、水泥磚等建材為主，其目的必須具備牢靠、堅實、穩固、耐用、耐熱、耐寒等六大功能。不過，歷經數百年來不斷地跟漢族文化的融合之後，其中絕大多數建築物，也跟漢族建築文化相互結合，彼此發揮互補作用。

回族同胞的建築物，其中最具有代表性者，莫過於清真寺，不管您是否懂得建築文化，但至少您看過之後，也會覺得它不一樣就是不一樣，很有特色。它究竟具有那些特色呢？第一、它具有中國建築文化與阿拉伯建築文化相互結合之特色。第二、它具有建築造型與佈局完正性之特色。第三、它具有堅持伊斯蘭教基本原則與發揚文化精神之特性。第四、它具有朝向寺院園林化目標邁進之特色。

總而言之，各地區回族同胞，在建築物方面，不論造型、結構、佈局、色彩、氣勢等，均呈現出筆墨難以形容或描述深度與內涵。集其所謂「雕樑畫棟，美輪美奐，精雕細琢，富麗堂皇，規模雄偉，神聖莊嚴，氣勢萬千，風格獨特，顏色調和，外型美觀」等優美形象於一堂，建築物所座落之處，必然成為族群、村寨、部落，或城市的一種獨有特殊之建築景觀，很容易吸引眾人的目光，充分代表回族建築文化之進步與驕傲。

## 族群習俗

回族同胞，在生活習慣上，擁有自己族群的文化特色，難免會給其他族群帶來好奇心理，僅將若十較為特殊之處列舉如下，提供讀者參考。

第一、回族同胞在宗教信仰上，以虔誠的態度篤信真主，視真主為其獨一無二，真主創造宇宙萬物，日月星辰，無所不在，無所不能，無所不有。

第二、回族同胞在意識型態上，堅持實踐伊斯蘭教之五大信仰，並視為族群或個人之中心思想，全體教徒一致遵循。永志不渝。

第三、回族同胞在宗教信仰，宗教生活，品德要求，社會活動，生活行為，均遵照可蘭經規範，全體教徒一致身體力行。

第四、回族同胞力行齋戒月期間，除老年人幼兒孕婦之外，任何人不能例外，在晝間必須做到「不吃不喝」的修行與要求。

第五、回族同胞的飲食習慣，有許多禁忌，也有獨特規矩，不受外界影響，不容外界破壞。

第六、回族同胞在生活要求上，既不吃豬肉，也不准養豬，更不使用跟豬有關之各種產品。

第七、回族同胞在飲食方面，僅吃有鱗、有鰭、有刺之魚類，另如鷹類，或狗、貓、馬、驢、騾等獸類，也不可吃，尤其自然死亡之動物，也不能吃，所有能吃的動物，必須先放去身上之血液，方可食之。

第八、回族同胞之女性，必須戴頭巾，將頭髮、耳朵、頸部全都遮蓋住，維持伊斯蘭教徒之堅定信仰規矩。

第九、回族同胞家中男孩，在年滿十二歲之年，必須舉行割禮儀式，如生活稍為富裕之家庭，在這天將為孩子準備全新服裝，並且殺雞宰羊，敲鑼打鼓，招待親朋好友，藉機熱鬧慶祝一番。以示莊嚴隆重。

第十、回族同胞在宗教信仰上，每天必須面向伊斯蘭教聖地麥加朝拜五次，以表達對真主與先知的懷念與追思。

第十一、回族同胞前往清真寺之前，必須經過沐浴、更衣、點香之後，才能進入行禮跪拜。

第十二、回族同胞在婚姻問題上，採取「許進不許出」原則，也就說外族女性，可被允許嫁給回族男性，但回族女性，卻不得嫁給外族男性，而外族女性想要嫁給回族男性，也得事先入皈依伊斯蘭教，否則也是不被允許。

第十三、回族同胞之女性，於完婚之後，基本上，待在家中相夫教子，或從事家族事業，但絕不出外就業或工作，避免在外拋頭露面，給夫家添麻煩。

第十四、回族同胞將死亡視為一種「無常」，稱亡者為亡人，忌諱提到「死」這個字眼。一旦家中遭遇不幸，發生「無常」事件，依照規矩將亡者大體洗淨之後，必須使用白布包裹大體，至於包裹層次，男性需包三層，女性需包五層，然後再放入棺木之內，或已經建築完工穴位之內，再舉行安葬儀式。所以這項習俗，是否為「木乃伊」之由來，也說不定。

第十五、回族同胞的生活，以自我要求而言，基本上，絕不可喝酒，也很少抽煙，更不能賭博，因此生活非常嚴謹。

第十六、回族同胞，非常注重家庭或個人衛生，進入清真寺前必須洗手、洗腳，若由家中直接前往，必須沐浴、更衣、點香之後，才能入寺，外出返家須先洗手，餐前必須洗手，入廁後必須洗手，上床之前必須淨身。反正不可邋遢髒亂或不整潔，以免給人留下不良印象，甚至遭人非議。

第十七、回族同胞所食用的動物，原則上，需須經由教會長老阿訇，親自代為宰殺，表示尊重生命，必須莊嚴隆重，方能讓教徒吃得安心。

# 佤族篇

佤族是我中華民族五十六個民族之一，也是國父孫中山先生所倡導「中華民族」的一份子。根據Google全球網路資訊二〇一〇年人口統計數據，目前佤族分佈在中國境內人數，已經達到四十二萬於人，在中華民族五十六個民族中，排名順位居於第二十六位。在雲南省二十六個民族中，排名順位居於第十位，是一個不小的族群，也是一個刻苦耐勞的族群，更是一個驍勇善戰的族群。

筆者原在緬甸僑居地，也就是撣邦，縣治官員屬於撣族，但是城鎮首長，係由佤族擔任，因此與佤族同村，兩族緊鄰而居，筆者家門前的庭院，約有一個球場一般大，庭院邊緣就有佤族家戶，兩家之間原本沒有圍籬，後因佤族家庭有三位千金，我等小男生基於好奇，經常前往佤族家裡串門子，當然所謂醉翁之意，不在酒，所謂串門子，說穿了，就是把馬子，於是惹得佤族老爸很不高興，後來竟然在兩家分界處，築一道竹籬笆，楚河漢界，涇渭分明，硬將兩家分隔開，猶如過去東西德之間的柏林圍牆一般，使我等串門子次數，雖不如過去那麼地頻繁，但還是會繞道繼續前往他們家裡串門子。有時也會利用「取水」或「打柴」機會，繼續跟三千金交往，事實上，當時並不懂得什麼談情說愛，只是基於一種好奇心理所使然，我們之間乃屬於少年時期的一群玩伴。所以，就筆者自己而言，早跟佤族同胞，結下不解之緣。如今住在台灣，又成為佤族之友，事實上，名實相符，絕對沒有任何誇張之處。

佤族同胞，過去在異域期間，許多人一致認同我中華民國，紛紛呼朋引伴，投效異域反共游擊隊陣營，於是在異域游擊隊員中，佤族人數多達數百餘位，他們平日一向能夠吃苦耐勞，生活儉樸，不畏艱難困苦，戰時他們都肯勇敢善戰，不計個人生死，其英勇奮戰精神，令其他族群官兵感到欽佩，同時也贏得其他族群官兵之敬愛，特藉此機會提出嘉勉一番，表達我個人對他們誠摯的致敬。

民國五十年間，異域反共游擊隊第二次撤台時，隨軍來台之游擊隊員中，佤族人數將近二百餘人，如今依然健在者仍有百餘人。歷經半個世紀以來，我一直保持密切聯繫之佤族，其人數也有數十人之多，原因在於我們彼此之間，已建立深厚的革命情感，大家非常珍惜過去的戰友情分，始終不棄不捨，共同維持以往的情誼，就因如此，我將更深入介紹佤族的歷史文化，揭開他（她）們族群神秘面紗，使廣大的讀者，以及從事研究之學者專家，有機會對這個族群，有更進一步的認識，期能增進我們之間的瞭解。

# 族群歷史

今天的人類社會，不論任何國家、民族，或個人，為了瞭解自己的族群究竟來自何處？淵源為何？必須探其根本，究其淵源，也就是所謂的「飲水思源」，如今一般人的說法，應該就是所謂「尋根」吧。根據歷史文獻記載，佤族這一族群，不僅是一個古老的民族，也是一個歷史悠久，文化純樸的族群，其生存發展時間已有數千年的歷史淵源，也是構成中華民族五十六個族群的一份子。所謂中華民族，實際上，係有五十六個民族所組成，佤族也是其中構成要素之一。根據中國大陸民政部門公布的人口統計數據，目前佤族人口數共計四十二萬餘人，僅占我中華民族人口總人口百分之〇點三四，但卻居於我五十六族中之第二十六位，因此，在擁有十三億人口的中國，能夠佔有一席之地，實在不是一件簡單的事，值得所有佤族同胞感到驕傲與自豪！所以，不必有所自卑，或自我矮化，每個人走上街頭，大可抬頭挺胸，勇往直前。

中華民族自古至今，已經有五千餘年悠久歷史，不論任何一個朝代，均將佤族視為自己族群的一份子，與其他民族一視同仁，從來不曾遭受排斥或輕忽。佤族也跟其他族群一起參與國家各項建設與社會發展工作，其犧牲奉獻種種表現，不是三言兩語可以描述。尤其在中國八年抗日戰爭期間，由於我佤族同胞聯合拉祜族同胞，共同支援國軍從事抗日作戰，甚至直接走上國家需要的最前線，他們手中的武器，雖然落後很多，僅有傳統型長矛、長刀、弓箭等當作底抗日軍的武器，但他們依然個個奮不顧身，人人勇敢殺敵，阻止日軍由越南進入中國之企圖，善盡國民之義務與責任。這種積極主動的態度，冒險犯難的精神，不畏犧牲的決心，值得我等後生晚輩由衷的敬仰。

佤族原本居住在中緬兩國邊界上之「高黎貢山」一帶，其使用語言種類，屬於南亞語系孟高棉語族佤德昂語支，有所謂「佤」，或「巴饒克」，或「阿佤」等三大名稱之別。後來因受到某種主觀因素，客觀條件，生存環境，以及發展條件等因素之影響，大舉攜家帶眷向南遷移，最遠曾經到達泰國北部清邁一帶，謀求生存發展，後來又因遭受泰國民族之排斥與驅趕，在不得已情況下，其中絕大多數人家，只好再度回到中緬兩國邊境，如現今中國雲南省與緬甸撣邦之間兩國交界附近的哀牢山，及岩帥地區一帶，定居下來，歷經數百年而不曾變動，也就是今天佤族的居住中心地帶，不過，時至今天仍有兩萬餘人之佤族，繼續留在泰國境內定居，原因想必就這一緣故。

目前在中華民國台澎金馬地區，也有佤族同胞的足跡，唯因限於政府戶政機關，僅將佤族列為外省籍來台者，現在通稱之為「新住民」，實際人數究竟多少，尚無具體統計數字。但是今天台澎金馬復興基地，社會安定，政治民主，經濟進步，生活富裕，人人自由，也有佤族同胞一起參與打拼，為國家社會付出個人的青春歲月，甚至不幸犧牲性命。

過去佤族同胞認同台灣，回歸台灣，捍衛台灣，建設台灣；現在佤族同胞落腳台灣，守護台灣，熱愛台灣，終老台灣，經歷了一段奇特的人生過程。佤族同胞來台之後，絕大多數族人被分發至國軍特種作戰部隊服役，也有部分佤族同胞努力學習，認真求學，考進軍事學校深造，因此有人已經晉升至上校級軍官，可見其表現卓著，成就非凡，可謂功在台灣，僅此提出表彰，以供後人有所認知與瞭解。

## 族群人口

根據兩岸學者專家一致認同，佤族是一個跨國性民族，目前不論在中國、緬甸，或泰國，均有佤族的身影與足跡，可見居住區域及遷移範圍，顯得相當之大。根據Google全球網路資訊，維基百科統計數據顯示，目前住在中國境內之佤族人數，約有四十五萬餘人，居住在緬甸國境內之佤族人數，約有六十餘萬人，而居住在泰國境內之佤族人數約有二萬餘人，三國境內之佤族人數總加起來，已經超過百萬餘人，其人口數遠比今天世界上許多小國家還要超過很多，所以在全球人口比例中，算得上是一個不小的族群，不僅立足中國，稱霸緬甸國，甚至遠征泰國，可讓全世界其他國家或民族刮目相看。

佤族是一個人數不少的族群，期望在族群內部，個人相互之間，應該更加團結合作，彼此間更要秉持相互扶持，相互照顧精神，使自己族群更加發展壯大，進而發揚自己族群的光榮歷史，如果自我族群之間無法團結一致，相互支持與彼此合作，如何能夠贏得其他族群之尊重與接納？

## 族群分佈

佤族群目前分佈區域與範圍，包括中國、緬甸國、以及泰國等三國，其分佈區域及範圍分別介紹如下：

首先介紹分佈在中國境部分，原則上，佤族分佈在騰沖、保山、施甸、雲縣、鎮康、永德、耿馬、滄源、臨滄、雙江、西盟、岩帥、瀾滄、孟連、猛海等縣市或自治區一帶地區，當然在其他縣、市，或省市區域之內，也能看到佤族居民的行蹤，但絕大多數佤族人，依然分佈在大雪山、四排山、老告山、邦盆山、萊雲枝山等十幾坐大山範圍之內，平均海拔約在兩千至三千公尺之間，如果說他（她）們是一個典型的山地民族，似乎也不為過。

其次介紹分佈在緬甸境內部分，名義上，佤族分佈在撣邦行政區域之內，屬於撣邦之一部分（緬甸國的行政區域目前劃分為七個省，及七個邦），在行政體制上佤族僅屬於撣邦的一個特別行政區而已，與果敢特別行政區位階相等。但實際上，佤族已將自己的族群地位定為所謂：「佤邦」，也就是要跟撣邦等各邦平起平坐，其目的在追求脫立撣邦自治體，正式成為緬甸境內另一個獨立邦之自治體，這種情況不論緬甸國聯邦政府，或撣邦自治政府，當然無法接受，也不能加以認同。所以，現在已經面臨敵對局面，到了兵戎相見地步，情勢日趨緊張，如果雙方不能克制，恐將一發不可收拾，也就是說一場激烈的內戰恐將難以避免。當然現在最主要的關鍵在於中國政府，堅決反對緬甸軍事政府片面向佤邦採取任何軍事行動，否則雙方戰事恐已早就開打。這種局面能夠維持多久？誰也無法預料。

緬甸國撣邦轄區內，佤族主要分佈在中緬兩國邊界一帶之勐昌、溫高、勐波、勐元等縣，以及邦康特區（原稱之為邦傘）及南鄧特區（與泰國及寮國兩國國境相鄰）等地區之內，也就是分佈在大名鼎鼎的金三角地區。原則上，分佈在瀾滄江以南，薩爾溫江以東的一帶區域之內。也就是我們異域游擊隊過去所佔領的區域內，當然分佈在緬甸國境內之佤族，又有所謂「北部佤邦」與「南部佤邦」之分，但佤邦首府，則設在北部之內「邦康特區」。

目前居住在緬甸國境內之佤族，不論緬甸聯邦政府或其他各個民族，一律稱佤族之為「卡佤族」。佤族雖然也是緬甸聯邦共和國境內一百三十五個民族之中的一份子，但卻不太受到聯邦以及撣邦地方政府甚至其他族群之重視，因為緬甸內部的緬族、撣族、克欽族等，將佤族視為少數民族，視佤族為外來族群。

最後介紹分佈在泰國境內部分，基本上，居住在泰國境內之佤族，依然以高山地區為主，其中絕大多數，就是在清萊以北山區之內，也就是泰緬兩國邊界之上，也就是靠近以往我國異域游擊隊所佔領的地區以南之區域內。所以，我國學者專家一致認為，佤族是一個跨國性民族，的確算是「實至名歸」，一點也不誇張。

## 族群飲食

佤族同胞，在飲食方面，基本上，幾乎具備了所謂「酸、甜、苦、辣」等味道，吃起來可是非常的可口，最富盛名的典型小吃：例如「雞肉稀飯」、「茶花稀飯」，以及燒烤蛇肉、青碗豆燒螞蟻蛋、油煎竹蟲、油炸木蟲等食物，都是經常用來招待賓客之美食佳餚。佤族飲食之中，一定少不了兩樣東西，其一是「辣椒」，有所謂：「沒有辣子吃不飽飯」之傳說；其二為「水酒」，有所謂「沒有水酒，宴客就不夠誠意」之傳言。由此也充分說明佤族人士喜愛辣椒與水酒的程度。

一般而言，佤族家庭所烹調出來的食物，如果您已品嚐過者，相信都能深切地體會到他（她）們所吃的食物，絕對不會有所謂三高的問題：例如什麼「高脂肪，高熱量，高膽固醇」等情況發生。

佤族同胞，在體型上，不論男性或女性，一般而言，體型大多夠保持在優美狀態，絕對不像我們現居住在台灣地區的各個族群，甚至當今世界各先進國家或地區人們，由於吃得太好，也吃得很油，而且又無法自我節制，於是走在街上放眼之下，幾乎隨處可見過胖者，或體型豐碩者的身影，有的甚至到了慘不忍睹的地步。因此，佤族同胞的飲食種類與方式，看起來早已符合目前大家一致追求的所謂「健康養生」標準夢想。

大陸內地的佤族同胞，最多人喜愛的有一道名菜，其他族群是很難接受的，如所謂「牛腸湯」看起來根本就像「牛屎湯」或「牛糞湯」，應該就是我們漢民族所愛吃的「粉腸湯」或「腸旺湯」，只是佤族所烹調出來的「牛腸湯」顏色就像很稀的「牛屎湯」一般，不是您我一般人所能接受的模樣。不過一旦品嚐過，其實味道還不錯，只是湯的顏色有點怪怪的，並不怎麼好看，會讓人產生畏懼之感。

## 族群服飾

所謂「人要衣裝，佛要金裝」，佤族同胞，在男女服飾方面，原則上，不論男女老幼，上衣所穿的都是屬於「無領衫」。其中女性上衣部分，則屬於緊身之「長袖短衫」，類似目前全球正在風行的所謂「露齊女裝」。所以，「露齊女裝」，就以台灣女性而言，可是二十世紀近幾年來才開始流行的一種時髦穿著，但佤族女性卻早在很早的時代就已開始流行，算起來她們的時裝進步年代，遠比我們現今文明社會的進步年代，還要領先進步數千年之久。至於下身穿著款式，女性部分，原則上，係以合身之「長裙」為主。而男性部分，原則上，上衣屬於合身之「長袖短衫」，下身則為腰身寬大，而且褲襠較低之七分褲，這款低襠七分褲，遠較美國NBA職業籃球員與世界各國籃球員所穿的球褲，及台灣地區男女性同胞目前所流行穿著的低襠褲或低襠七分褲，也同樣是先進年代已經長達數千年之久。

佤族同胞，身上所穿的服裝顏色，基本上，男性以黑色為主，再搭配紅色或白色頭巾或腰帶。而女性則以黑色為主，再搭配其它各種顏色加以點綴，其中有白色、紅色、黃色、藍色、紫色等多種色彩。

佤族同胞，在服飾使用布料來源，及搭配的顏色方面，原則上，係以自己族群所種植的棉花，經由女性們運用她們巧妙的雙手，例如紡紗、染色、織布，及縫製等過程，才算大功告成。真正做到了所謂「自力更生」與「自食其力」的生產目標要求。

佤族同胞，在女性服裝配件方面，若以類別來分，應該區分為「金屬材料裝飾品」、「植物材料裝飾品」兩大類，也就是利用金屬材料或植物材料，經過人為加工所製造而成之裝飾品，用來點綴或裝飾女性服裝，讓女性穿著顯得更加美麗動人。當然近年來也相繼使用塑膠產品來製作裝飾品，也算是趕上時代進步的潮流。

佤族同胞，在女性裝飾品方面，凡稍有經濟基礎者，全身上下必需配戴亮眼奪目的裝飾品，來凸顯自己與家人之財富，展現家族富有的一面。而裝飾品之配戴位置，幾乎從頭到腳，例如頭飾、耳環、頸環、手腕環、手指環或手指戒、胸前吊掛裝飾品、腰環、乃至腳踝環，其中頸部、手腕、手指、腰部，及腳踝部位等，計有配戴式，或有吊掛式，均屬環狀形裝飾品，其餘裝飾品，大多縫製在衣服上面，或懸掛在衣服上。

佤族同胞，在女性服裝飾品種類方面，計有銀器製造之裝飾品，銅器製造裝飾品，植物製造裝飾品，塑膠製造裝飾品，種類繁多，花樣百出，簡直多得不勝枚舉，讓人看了還會眼花撩亂。

## 族群建築

所謂金窩銀窩，不如自己的豬窩狗窩。佤族同胞，在住的問題方面，原則上，每戶都擁有自己的房屋，也完全符合國父孫中山先生「住者有其屋」的主張。佤族同胞，除因就學，或就業，或就養，必須住在城市者外，其餘絕大多數人，還是很喜愛居住在海拔較高之山坡地區生活，可以算是一個比較崇尚自然的山居族群。

佤族同胞，以居住在山坡地帶為主，其房屋建築款式，基本上，以高腳型房屋為主，也就是二層樓式透天房屋，其中一樓用於圈養家禽或家畜，二樓提供家人居住，當然目前也有少數落地式房屋款式。但不論任何一種款式，多與傣族之房屋造型很類似。

佤族同胞，不論村寨或部落，建造房屋所用建材，僅有四大類別，例如木材、竹材、茅草，及藤條等，成為基本之建築材料，也是非常具有環保觀念的建築材料。至於建築材料來源，基本上，幾乎全都來之於自然，也就是取自村寨或部落，附近深山之中，完全免費供應，不需花費任何金錢，尤其房屋建造過程，也全都靠村內，鄰居親朋好友，大家共襄盛舉，一同前來協助完成，全部建造工程，唯一需要的花費，就是提供參與房屋建造工程之鄰居或親朋好友，吃喝所需開銷，算起來也很符合經濟效益要求。同時也完全符合我們文明社會，政府行政機關一再大力提倡，並積極推動的所謂「敦親睦鄰，守望相助」精神，實在值得我們文明社會的人，一致學習效法。

佤族同胞，不論原始部落或村寨，四週外圍大多設有重重障礙，也就是在部落或村寨進出口處，用竹材，或木材築起三角架式獨木橋，行走起來搖搖擺擺，既感到驚險，又不很方便，有的甚至「寸步難行」。據說其目的，不外用來防範或阻擋外敵或外族入侵，藉以保障村寨或部落族群，生命與財產之安全。

## 族群交通

佤族同胞，不論村寨或部落，在行的問題上，一般而言依然顯得相當之落後。當然除住在城市者，其生活腳步已經跟上時代，且普遍使用或擁有現代化交通工具外，其餘一般住在山區村寨或部落之佤族群，基本上，大多仍以自己的雙腳來解決行的問題。不過其中也有少數佤族群使用牛隻，或騾馬做為代步工具，或用來馱運貨物，進一步也改造成為牛車或馬車，甚至也可利用牛隻或騾馬，供其家人騎乘，或從事貨物馱運工作。

佤族同胞，在各村寨或部落，現已紛紛完成公路網之建造，可以通行機動車輛，增進山區各鄉間村寨或部落、族群行動的便利，也因而使得許多族群，可以購買現代化機動車輛，作為代步交通工具，改善居住在山區鄉間村寨或部落，族群向現代化目標邁進。不過，住在偏遠山區村寨或部落之族群，由於行車路線開闢不易，相較之下，其現代化腳步，依然還有一段路程要走。

## 族群教育

佤族同胞，在教育問題上，除部分居住在山區村寨或部落，因受交通問題影響，人力資源不足等問題，普遍缺少中等以上學校之設置，其教育資源依然不夠充足，教育機會也就相對不夠普及，需要再等一些時日，才能享受到正常國民義務教育權益。至於居住在城市地區之佤族居民，其接受教育機會，與其他族群一樣，享有同等待遇，於是先後已經造就了許多高級知識份子，或專業學術人才，為國家社會與人群服務，全心全意造福國家社會與人群，其中有不少人也積極付出自己的智慧與潛力，為國家社會與人群，貢獻個人的心力，誠屬難能可貴。

佤族同胞，隨軍撤退來台者，目前在台灣的生活情況，一般而言，完全融入台灣社會，在生活上，與其他族群比較，沒有任何差異之處，且普遍能夠安居樂業，豐衣足食，自由自在，生活幸福安定。未來如果在經濟能力許可範圍內，也有餘力，期望佤族同胞，能夠盡其所能，捐助家鄉興建「希望小學」。以提升原鄉佤族子弟之教育水準。

根據「Google網路資訊」統計數據，監察院王院長已經資助大陸各地，興建了數十餘所「希望小學」，還有作家劉庸先生，也資助大陸各地，興建了數十餘所「希望小學」。另外佛教慈濟功德會，已經先後資助大陸興建了百餘所「希望小學」，愛心無限，貢獻非凡，值得給他們熱烈掌聲。尤其許多慈濟人的愛心與付出，實在令人非常感動，讓我們一起向他們表達無限的敬意！

因此曾有台灣學者專家表示，我們台灣鄧麗君小姐的歌聲，影藝人員的表現，慈濟功德會的愛心義舉，一百五十萬台商的西進冒險開拓市場，各界多次捐助救災善款，一再證明中華民國政府及人民的大愛精神，無所不在，早就已經登上大陸錦繡河山。

根據資訊，目前在大陸興建一所「希望小學」，其費用約在新台幣一百萬元之間，如果能夠積極參與這項愛心活動，讓家鄉的下一代子孫，可以接受像我們台灣社會，每位學齡兒童，應該享受到的國民義務教育機會，那將是一件功德無量的偉大義舉。

## 族群信仰

佤族同胞，在宗教信仰方面，基本上，屬於泛靈論族群，也就是不論任何人、事、物，都可能成為他（她）們崇拜與祭祀的對象，其中包括了天地、人類、山川、河流、動物或植物，甚至宇宙萬物等，近似所謂「崇尚萬教」與「祭拜萬物」之族群，也就是如學者專家一致認為的所謂「多神論」者。不過，佤族的祭祀對象，基本上，還是以所敬仰之「莫偉」為主，也就他（她）們自己的祖先。其他的祭祀對象，將視環境與情況而定。佤族同胞，在宗教信仰上，充分表現在日常生活中，比較屬於具體者，有所謂「木鼓傳世」、「木鼓通神」、「木鼓通天」與「木鼓精神」等象徵性傳說，因為，「木鼓」對於佤族生活，有密不可分割的連帶關係，舉凡日常之祭祀，以及各類婚喪喜慶等活動，幾乎都少不了「木鼓」這種特殊又原始的樂器，由此也充分證明「木鼓」與佤族之間，有著一種密不可分的關係。木鼓，是佤族群的一種原始樂器，是佤族村寨或部落的象徵與標誌，更是族群的一項傳統文化，因為木鼓對於佤族來說，它具有三大功能：第一是「祭祀工具」；第二是「祭典樂器」；第三是「警報器具」。木鼓材料取自深山中的紅毛樹、花桃樹，或麻栗樹，其長度約在二公尺之間，寬度約在二分之一公尺至一公尺之間。木鼓種類，區分為「公鼓」與「母鼓」兩種。「公鼓」音節低沈，音色較重；「母鼓」音節較高，音色清脆，平日放置在高腳塔上，或高腳木架上，除非遇有祭祀，祭典，或警報等需要，才能使用外，其餘時間不論任何人，均不得擅自敲打或使用。所以，佤族視木鼓為神聖不可侵犯的象徵。

## 族群節慶

佤族同胞，在節日活動方面，項目繁多，計有木鼓節、光棍節、火把節、元旦狂歡、播種節、新年節慶、新米節等。相傳在以往一段期間，佤族曾經有過獵取人頭紀錄，供作祭祀上天與神明祭品，最後一次獵取人頭時間，約在一九五〇年代末期。這項習俗之形成，根據文獻記載，是起因於一件詐騙案所延生來，也就是說有一詐騙份子所編造出謊言故事，結果造成極為嚴重之歷史悲劇。探究原因係起自該騙徒第一次販賣稻種給佤族時，實際上，是使用已經壞了的稻種，根本無法生產稻米，結果被佤族追討歸還購買稻穀款項，但該騙徒為了「自圓其謊」，特別使出另外一種詭計，也就是在第二次供應稻種時，除了供應正常而優良品種之外，還囑咐佤族要在種稻之日，必需獵取人頭來祭祀上天與神明，才能得到上天與神明的恩賜，保證稻穀豐收。其目的希望藉此機會製造矛盾，分裂佤族，達到消滅佤族之目標。起初佤族村寨或部落，也信以為真，完全依照騙子說法，在播種稻穀季節，進行獵取本族同胞之頭顱，來祭祀上天與神明，最後果然獲得豐收。從此，播種稻穀與獵取人頭，成為密不可分之關係，也成為一種習俗。這種習俗，經過很長時間，日復一日，年復一年之後，佤族村寨或部落，對此作法感到十分懷疑，經過多次商討之後，終於決定改變作法，嘗試將獵取人頭對象，擴大至其他族群，來祭祀上天與神明，結果不出所料的稻穀依舊大豐收，佤族從此在播種稻穀時，用來祭祀上天與神明的祭品，除在不得已情況之外，將獵取人頭的對象，擴大至其他族群。不過，據說其中受害最多的族群，竟然以傣族最多，原因是佤族與傣族大都比鄰而居，所以受到的傷害也最大，這也充分說明了這位詐騙份子，簡直是「自食惡果」，帶來「害人害己」的嚴重下場，給各族群之間，帶來嚴重的後果。佤族獵取人頭作為祭祀上天與神明的這種不良習俗，自一九四九年中共執政之後，已經完全廢除，沒想到這項不良習俗，時至今日，還是成為族群之間茶餘飯後，大家免不了用它作為閒聊的話題。

## 族群音樂

佤族同胞，在族群傳統音樂方面，除了木鼓之外，尚有短笛、當簫、簫西、嗯瞅、三弦、口弦、蘆笙等多種樂器，使族群音樂能夠繼續發揚光大。目前海峽兩岸的佤族同胞，已經能夠跟上時代進化腳步，人人力求精進，個個莊敬自強，大家努力向前，先後造就了許多優秀人才，為自己的族群、村寨、部落、社會，乃至國家，做出許多偉大貢獻與犧牲。在大陸內地的佤族同胞，其中最具盛名之演藝人員，也使用現代化樂器演奏設備，例如男歌手艾芒，女歌手羅永娟，名吉他手阿郎，著名舞群有瓦山印象（組團成員三人）、巴饒克（組團成員十三人）、黑衫銀花（組團成員二十三人）、日昂阻（組團成員一人）、黑珍珠（組團成員一人）、夜的精靈（組團成員四人）、黑色瀑布（組團成員十三人）等團體，表現都十分出色。

## 族群舞蹈

佤族同胞，在族群舞蹈方面，可用三個層面加以區分，以伴奏性區分，計有木鼓舞、象腳鼓舞、蜂捅鼓舞、蘆笙武、口弦舞、三弦舞、畢頌舞、竹竿舞、臼棒舞、棺材舞、掃帚舞、刀舞、毯子舞等。以角色性區分，計有青年舞、集體舞、女青年舞、魔巴舞、甩髮舞、打歌舞、兒童舞等。以功能性區分，計有祭祀舞、喪葬舞、娛樂舞、表演舞等。另在族群傳統文化活動上，也加入了許多現代式舞蹈項目，顯示佤族除了演出自己族群的原始歌舞外，也使用現代歌舞助陣。不過，比較為普遍者，如木鼓舞、甩髮舞、竹竿舞、打歌舞等族群傳統文化活動。其中「甩髮舞」，與台灣蘭嶼的達吾族時常演出的「甩髮舞」，非常的相似。

## 族群祭典

佤族同胞，在祭祀上天與神明時，其中的活動項目，絕對少不了「標牛」這個項目，最具有震撼力，也是節目活動的最高潮，不過這一節目進行中，還是有許多觀眾不敢正面觀賞，因為類似的情境，可是血淋淋的事實，過程非常之殘忍。另在慶典或祭典活動過程之中，最好玩的項目，莫過於所謂「摸你黑」，也就是在慶典或祭典活動時，不分男女老少，大家彼此可將黑泥巴，摸在對方臉上或身上，其情況近似傣族的潑水節慶活動情況一般，凡是在場者都很難逃過劫數，一旦您到了現場，縱然您不想玩，恐怕也不行，因為到了那個時候，可能已經由不得您了。如果有幸遇到這種機會，建議您還是很大方地走入人群，參與他（她）們的活動，希望您能及時放下身段，跟隨大家嗨一下吧。

## 族群習俗

佤族同胞，不論分佈在任何國家或地區，在生活習慣上，不為外人所知方面很多，也許您也不怎麼瞭解，現在就由筆者逐一向您介紹如下：

第一、佤族同胞人人喜愛喝酒，最普遍的酒類有所謂「水酒」，而且男女老幼全都會喝，當主人請客人喝酒時，首先會用手指沾酒灑在地上，代表敬拜上天與神明，其次主人會先喝一口，證明酒的品質沒有問題，請客人儘管放心的喝，不必對酒有所顧忌。客人接過酒之後，也須先用手指沾酒灑在地上，表達敬拜上天與神明之意，然後將杯中之酒一飲而盡，也就是台灣的所謂「乾杯」，表示願意接受主人之盛情。

第二、佤族成年男女全都喜愛抽煙，而抽煙方式以竹製煙斗較多，幾乎人手一個煙斗，顯得每家每戶煙窗都冒煙，畫面十分有趣。

第三、佤族成年男女全都喜愛嚼檳榔，而且常以檳榔招待賓客，所以許多已婚女性喜歡將全口牙齒塗黑，呈現出成熟女性另一種美感。

第四、居住在緬甸之佤族成年女性，通常喜愛吃一種類似含有礦物質的泥土，其原因究竟何在？讓我等其他族群實在有所不解。

第五、進入佤族部落鄉間村寨，通常需要經過竹造或木造交叉而成之三角形吊橋，據說其功能是基於防範外來入侵，使其發揮一定的防禦作用。

第六、居住在城鎮或市區，或交通要道附近之佤族，已經趕上時代腳步，全都習慣使用筷子吃飯。但居住在偏遠部落或鄉間者，至今仍舊用手吃飯，保持原有的傳統文化與生活習慣。

第七、除居住在城鎮或是區之佤族之外，一般居住在偏遠部落或鄉間之佤族，不論男性或女性，幾乎全都不穿內褲，同時也不愛穿鞋，以維持祖先所流傳下來的風俗習慣。

第八、佤族青年男性追求異性，基本上，開始不能私下進行單獨約會，必須經過所謂「串姑娘」程序來進行，也就是已達適婚年齡之男性，首先需要邀約三五好友，共同前往未婚年輕女性進行紡紗地點，展開追求活動。一旦大家見面之後，即可展開所謂「打歌」活動，也利用「打歌」機會，展開愛的活動。所謂「打歌」，是在參與男性之中，必須有一人或多人會彈「三弦」，如此方能帶動團體進行「打歌」活動。這種活動，經過一段時間之後，若其中一對男女都看對了眼，彼此都認為雙方可以互許終身，才可進行下一步驟「私下約會」，最後才能談論婚嫁問題。

第九、佤族男性娶妻不是一件容易的事，其一、必須獲得女性喜歡；其二、娶妻日男方必須準備活的三牲，攜帶要求財物與水酒，隨迎娶隊伍送達女方家裡，而其中財物部分，依慣例還需經過磅秤通過，才能算數；其三、迎娶當日是否適合將新娘迎娶回家，還需經過巫師卜卦，若卜卦未能獲得通過，其迎娶新娘就得再次前來，直到卜卦通過可以迎娶，才能將新娘迎娶回家；其四、在新郎迎娶新娘回家途中，新郎必須將新娘背在背上，表達深切愛意，如果新郎體力不夠強壯，那麼結婚恐怕會是新郎的一件苦差事；其五、在婚禮進行過程中，男女雙方家長，必須用手抓飯餵給對方，表示從此結成連理。女方家長也要用手抓飯餵給新郎，表示接受與肯定。男方家長也須用手抓飯餵給新娘，表達長輩關愛媳婦之意。

第十、佤族主人送別家人，親朋好友，或賓客時，必須進行敬酒禮，而被送別者接過酒杯，必須將酒一飲而盡，表達感恩與誠摯謝意。

第十一、佤族因為沒有自己的文字，學童全都得上中文學校，所以，不論居住在城鎮或是區或鄉間，每個人都會說所謂「普通話」，也就是我中華民國憲法明訂的「國語」，所以，佤族與各民族之間交往，幾乎可以打成一片，沒有任何語言上之隔閡或障礙。

第十二、佤族村寨有關新式「木鼓」製作，一旦使用原木種類選定之後，首先由巫師舉行砍伐儀式，負責砍伐者須在傍晚時分才能展開砍伐動作，但新「木鼓」原木砍伐完成之後，不能立即運回村寨內，還需留在原地，於次日動員全村寨男女老幼（生理期女性不能參加），共同將「木鼓」原木拉回村寨之外暫時放置，這就所謂的「拉木鼓」活動。「木鼓」原木拉回村寨之外，然後必須由過巫師卜卦經上天與神明認同，才能以隆重儀式將「木鼓」原木迎回村寨之內，約需經過二十餘工作天，方可將「木鼓」製造完成，同樣地也得由巫師卜卦請示上天與神明之後，新的「木鼓」才能正式開始啟用，並在啟用新「木鼓」日，舉行盛大啟用儀式，表達慶賀之意。

第十三、佤族男性人人隨身配戴一把長刀（稱之為刀，其原因在刀之最前端，並非尖銳形狀，而是平形的）。基本上，以右肩左斜方式配掛在身上，刀柄向前，刀削在後，除代表男性負有保衛家鄉之重責大任之外，也是成年男性身分與地位的一種象徵。至於配刀用途，過去用來獵取人頭，現在用來提供防身之需，是佤族男性不可或缺的一種配備。

第十四、佤族舉辦祭祀或慶典儀式，必須進行所謂「標牛」活動，也就是利用標槍將牛隻標殺流血至死亡止，其「標牛」過程，不僅殘忍，也夠血腥。通常先將選中之牛隻（有水牛也有黃牛）頭部綁在村寨廣場中央木樁之上，然後由巫師進行相關儀式之後，才能展開「標牛」活動，當然「標牛」的重大任務，也由巫師請示上天與神明指定人選，才有資格擔任，其他參與男性也僅能旁觀而已。

第十五、佤族女性一律留有一頭長髮，烏黑亮麗，所以她們也像居住在台灣蘭嶼的「達悟族」一般，擅長跳一種名為「甩髮舞」的舞蹈，跳起來必須全身搖動，是一種很有動感的舞蹈，如果有機會前往佤族村寨旅遊，除了值得觀賞之外，也請您一起參與他（她）們的狂歡活動。

## 緬甸佤邦

前面篇幅已經加以介紹過，居住在緬甸國境內的佤族人口數，竟然高達六十餘萬人之眾，遠比中國五十六個民族之一的佤族人數還要多，究其原因在於中華民國政府遷移台灣之後，中共與緬甸兩國之間曾經重新劃定國界，以致部分原屬中國國境內之佤族自治區被劃入緬甸國境之內，以致緬甸國境內之佤族人數超越了中國境內之佤族人數。接下來筆者將進一步介紹居住在緬甸之佤族現況，以供讀者參考。

目前居住在緬甸國境內之佤族，基本上，分佈在撣邦行政區之內，如勐昌、溫高、勐波、勐元等縣境之內，以及康邦與南鄧等兩個特區境內，其中又有北部佤邦與南部佤邦之分，但以北部康邦（原稱之為邦傘）為其首府，並以北部佤邦之政治文化中心，南部佤邦則以南鄧特區為中心。又有所謂「北佤」與「南佤」之稱。

所謂佤邦，形式上，是佤邦族群內部自己共同所認知，屬於非正式名稱。實際上，佤邦這一名詞，並未獲得緬甸聯邦政府或撣邦自治政府之認同，因而這項體制之變動，不僅得罪了緬甸聯邦軍事政府，也開罪了撣邦自治政府，是中央及地方兩者都不怎麼討好的一種舉動，未來演變情況，猶待繼續觀察。

佤邦政府主席兼聯合軍總司令，為鮑有祥先生，鮑氏來自中國雲南西盟佤族自治區內之岩帥，一九五九年次，畢業於岩帥小學，其父為鮑岩嘎先生，另有三位長兄，分別為鮑有義、鮑有良、鮑有華。

鮑有祥先生於一九六九年間加入緬甸共產黨，一九八九年發動兵變，一舉取得佤邦領導人地位，身兼政治與軍事兩大職務，在取佤邦領導地位之後，曾經向緬甸聯邦軍事政府，及撣邦自治政府，乃至國際社會，提出他個人的三大任務：第一、打敗鴉片大王坤沙

（原名張奇夫，其父為漢族，其母為撣族）；第二、禁毒；第三、建設佤邦。後來歷經六年之征戰，終於在一九九六年間，為緬甸聯邦軍事政府打敗聞名金三角地區之鴉片大王昆沙，為佤邦建立堅實而穩定基礎，也為他個人爭取佤邦之領導地位。

鮑有祥先生在緬甸站穩個人腳步之後，進而獲得佤邦之領導地位，以及佤邦軍事武裝力量之指揮人權，擁有二萬餘人之眾的佤邦武裝部隊，其中女性士兵人數也有百餘人之多，佤邦戰士們個個勇猛善戰，戰力十分堅強，就連緬甸聯邦政府軍隊也很禮遇他（她）們，甚至畏懼他（她）們，避免跟他（她）發生正面衝突，繼續維持安定局面。

緬甸佤邦，武裝部隊的武器裝備，全都來自中國大陸，軍隊之教育訓練模式，也完全仿照共軍目前現制，所以形式上，與中共武警部隊相比，幾乎沒有太大差異，瞬間一看，儼然就像中共在緬駐軍一般，兩者之間，差異不大。

鮑有祥先生雖然僅有小學畢業程度，但卻能夠提出許多驚人的主張。他曾經對外提出十六字政策：「人不犯我，我不犯人，人犯了我，我必犯人」。同時也對內提出四項政策：「抓革命，促生產，自力更生，豐衣足食」等。隨後又再提出一項六個字之重要公共建設計畫：「要想富，必修路」。同時也提出對下一代子孫之教育理念：「再窮不能窮教育，再苦不能苦孩子」。就政策及主張內涵而言，都非常具有建設性，因此，廣泛獲得佤邦全體同胞之肯定，普遍得到佤邦全體同胞之支持，一致獲得佤邦全體同胞之擁護。

瓦邦領導人鮑有祥先生，自取得文武兩個大位之後，曾經前往北京拜訪多次，也見過中共國家主席江澤民及胡景濤等中共最高領導人，算起來也是一位很了不起的佤族人士，夠格成為佤族代表性政治人物，也是佤族同胞無上光榮！

當然，瓦邦據有緬甸撣邦境內大片地盤，並擁有一支戰力堅強的武裝力量作為支持後盾，已經成為緬甸聯邦政府，及撣邦自治政府，兩者之間眼中釘，肉中刺，必須得有危機意識，隨時提高自衛警覺，注意觀察情勢發展，有效掌握制敵先機，才能避免遭到緬甸聯邦政府，及撣邦自治政府設計與暗算，確保佤邦之安定繁榮局面，維護個人地位與權力，繼續為推動佤邦建設，開拓佤邦經濟發展，為佤邦全體軍民，創造更美好的明天與未來。

# 哈尼族篇

哈尼族是一個歷史悠久的古老民族，雖係羌與氐兩個民族之後裔，但與漢民族之間，淵源幾乎同出一轍，同為孕育黃河流域之中原民族，於唐代之間南遷至西南地區，從此以後，雲南成為哈尼族之世居地。其名稱根據文獻記載，有和夷、和蠻、和妮、離妮、矮妮、哈妮、斡泥等，直至中共建政之後，才統一稱為哈尼族。在緬甸稱為阿卡族，在寮國稱為高族或卡族，在泰國稱為阿卡族，在越南則與中國相同，稱為哈尼族，雖然各國名稱有所差異，但屬同一族群。

## 族群人口

目前住在各國的哈尼族群，根據Google全球網路資訊統計數據，總人口數已經超過一百六十餘萬人，其中住在中國境內的人口數，已經超過一百四十四餘萬，其餘分別住在緬甸部分，約有二十餘萬人、住在寮國部分，約有六萬餘人、住在泰國部分，約有六萬餘人、居住在越南部分，約有二萬餘人、居住在印度阿薩姆省部分，約有數千餘人。

就以中國部分而言，在五十六個民族排名順位，居於第十六位，僅就住在雲南省部分，也列為二十六個民族排名順位，居於第三位。分佈在越南部分，也列為五十四個民族之一。分佈在緬甸部分，也列為一百三十五個民族之一。分佈在泰國、寮國、印度等國部分，也分別列為該國少數民族之一。算是一個跨國性民族，總人口數量，比當今許多國家之總人口數，還要多呢。

## 族群分佈

哈尼族分佈在中國、緬甸、寮國、泰國、越南、印度等六個國家。分佈在中國部分，則以西南地區的雲南省為主，也就是靠近緬甸、寮國、越南與印度等國家，而該等各國境內的哈尼族，以分佈在各該國北部，也就是接近中國西南地區為主，顯示哈尼族雖然分散在不同的國家，但彼此之間的距離，並非很遠。至於分佈在中國境內者，包括山東、江蘇、湖南、四川、廣東等五省，人口數均超過千人，至於分佈在雲南省境內者，係以元江、元陽、江城、紅河、新平、綠春、墨江等自治州或自治縣內。當然目前在台灣也有他（她）們族群的足跡，雖然目前人口數不甚詳盡，但終究為他（她）們的族群留下了歷史見證，也給他（她）們的族群留下難以忘懷的記錄與回憶。

## 族群語言

哈尼族同胞，在的語言體系方面，屬於漢藏語系列之中的藏緬語系，與彝族、拉祜族、傈僳族等三族語言，較為接近，而在其族群內部，又區分為哈雅、碧卡、豪白等三種方言。於一九五七年間，在中共相關部門協助之下，終於創建了自己族群的文字，使用拉丁字母拼音，不僅將為哈尼族群開創嶄新的紀元，也將給哈尼族的過去、現在，與未來，留下完整的歷史記錄，這是一件值得告慰先人的偉大創舉，更為自己的族群留下光明燦爛的史頁。

## 族群信仰

哈尼族同胞，在宗教信仰方面，歷經千餘年來，他（她）們始終認為，宇宙之間確實存在有「摩味」、「常」、「乃哈」等三種自然現象。

所謂「摩味」，他（她）們的族群一直認為，是一種至高無上的「天神」，永久定居在飄渺虛幻的太空之中，隨時隨地關注人間的一舉一動，一言一行，能夠充分掌握人間的生死大權，祂會賜福給善良人幸福，祂也會降罪給作惡的人災難，維持人類社會的公平正義。

所謂「常」，他（她）們的族群一直認為，就是善惡兼施的「自然神」。此種「自然神」又區分為山神、地神、樹神、水神、火神、石神等六種神，其中除地神為善之外，其餘的均屬於「善惡兼施」的神，提醒哈尼族群，必須注意迴避，避免惹禍上身。

所謂「乃哈」，他（她）們的族群一直認為，是一種無惡不作的「鬼」。而「鬼」又區分為二種，其中一種是惡鬼，另一種是陰魂，最好不要招惹祂們，以免遭遇橫禍。

所謂「約拉」，是一種附屬在每個人身上的「靈魂」，也就是說我們每個人，除了軀體之外，還有看不見，摸不著，既無影，也無形，而且永不消失的一種「靈魂」。這種觀念與說法，應該就是其他宗教所指的「聖靈」。確實也是一種存在已久的事實。但不論「神聖」或「鬼魂」，他（她）們的族群都一致敬畏，不敢褻瀆，確保族群的平安。

## 族群節慶

哈尼族同胞，在民族節慶方面，計有「扎特勒節」、「苦扎扎節」、「姑娘節」、「敬老節」、「里瑪主節」、「祭母節」、「吃新谷節」等，僅將各節日舉行時間與活動概況，簡單扼要介紹如下。

## 扎特勒節

哈尼族同胞，對此節日，又稱之為十月年，並視此節日為族群的最大節日，前後歷時六天，於十月第一辰農日為始，當天每村、寨，共同殺一頭豬，並將豬肉乃至全身上下以及內臟與器官等，平均分配給村、寨內的每一家戶，下午由各家戶用所分配到的豬肉及下水，帶來祭祀祖先與天地，也祭祀樹神、祭祀神明，全都祭祀之後，家人才能食用。在這一天之內，各家戶須先將村、寨街道清掃乾淨，每個人都要換上新衣，吃一種經過染色的黃糯米飯，或糯米粑粑，或年糕。糯米飯之所以染色，代表新年之際，顯示出過年模樣，增添熱鬧氣氛。過年的最後一天，全村、寨各家戶，必須端出拿手好菜，共同擺設所謂「長龍宴」，又稱之為「街心酒」，不分男女老幼，共同享受一頓美食大餐，餐後進行餘興節目，有傳統樂器吹奏，有唱歌，有跳舞，一直玩到通宵達旦，仍然不肯罷休。其場面之大，美食之多，人數之眾，氣氛之熱，可稱得上盛況空前，讓外人嘆為觀止。這就是「扎特勒節」之由來。

## 苦扎扎節

哈尼族同胞，慶祝此一節日時間，通常選擇在夏曆「五月」間舉行，歷時三至五天，場面同樣也是盛況空前，原因在於此一節日，具有節慶兼娛樂兩大作用，目的在預祝族群五穀豐收，人畜安康。在這個節慶日，各村、寨必須殺牛來祭神，以表達對上天與神明感激之意。在祭祀儀式之後，免不了也要進行餘興節目，不論節目內容，或場面與氣氛，若與十月年比較，相差不會很大，可見也是非常的壯觀與熱烈。這就是「苦扎扎節」之由來。

姑娘節

哈尼族同胞，紀念此一節日，通常在每年農曆二月初四舉行。在這一天裡，所有善盡丈夫責任之男性，必須一大早從事挑水，打柴，並負擔操持所有家務，讓妻子藉機好生休息一天，表達夫妻恩愛與關懷，以慰勞妻子操持家務之辛勞。相傳從前有一位哈尼族姑娘，原本已有意中人，不料卻被家長另許配他人，以致造成婚姻不如理想，婚後某一天姑娘上山砍柴，途中巧遇三位年齡相仿姊妹，也是遭遇同樣命運，對於婚姻的不滿，經過彼此一番互吐心聲之後，相約一起跳下岩自殺身亡，後人為了紀念她們的遭遇，特地於每年定期舉行紀念活動，凡已婚的族群女性，大家相聚在一起，相互訴說個人的婚姻狀況，但拒絕男性參加或偷聽，也相互交換相夫教子經驗，與持家心得。這就是「姑娘節」之由來。

## 敬老節

哈尼族同胞，原則上，定在每年農曆臘月十五日舉行敬老節活動，在此節日裡，每一家戶之中的年輕男性，須在這天找尋一株松樹帶回家裡，種植在自家門前，女性則負責澆水，祝賀年邁長輩像松樹一般，長壽健康，當然家裡的子孫輩，免不了為家中長輩，燒煮一頓美食大餐，表達對老年人的一片孝心。這就是「敬老節」之由來。

## 里瑪主節

哈尼族同胞，過此節日的目的，在於維持人與布穀鳥間的互動關係，通常於陽曆三月屬羊日展開，哈尼族同胞在此月份，第一次聽到布穀鳥「咕咕咕」叫聲的人，必須回答「我聽到了」，並與鳥媽媽相約，於明年三月屬羊日再相聚，以表達布穀鳥媽媽對於人類的關愛之情。此種人類與布穀鳥間的良好互動關係，也代表了另一層意義，就是要告訴人們，可以開始插秧了，於是哈尼族同胞，又稱為所謂「開秧門」，這種農業習俗。這就是「里瑪主節」之由來。

## 捉螞蚱節

哈尼族同胞，過此節日，原則上，在每年六月間（陰曆六月二十四日），訂於屬雞日或屬猴日舉行，其目的在於去除蟲害，避免農作物遭受損害。其作法將所捉到的螞蚱，頭、腳、身、羽分裝在一起，使用竹片夾起來，插在田埂之上，使其發揮恐嚇作用，達到殺雞驚猴目的，確保農作物生長，不受干擾，獲得豐收。這就是「捉螞蚱節」之由來。

## 祭母節

哈尼族同胞，過此節日，原則上，定在每年農曆二月間第一個屬牛日舉行，族群男性必須上山狩獵，女性必須前往溪邊捉魚，每一村、寨必須殺豬宰羊，中午時分，各家戶交大米與水酒各一公斤，送給村、寨經辦人，之後全村寨大家一起聚在祭母樹下，同唱祭母歌，隨即展開祭母宴，表達對母親的感恩與懷念，具有慎終追遠之意。這就是「祭母節」之由來。

## 吃新谷節

哈尼族同胞，過此節日，原則上，定在農曆七月第一個屬龍日舉行，村寨各家戶於東方發白之際，即指派家人前往田裡，拔回一捆連根帶有穗株，且逢單數的稻穗，但於回程途中，不論遇到任何生人或熟人，都不可以跟他（她）們打招呼，否則就會給自己帶來厄運。下午再出家人將所帶回來的稻穗，全部取下，然後用火將它烤成爆米花，分給家人一起享用，代表今年慶賀豐收。同時也要吃竹筍，代表來年豐收，甚至節節高昇。也要吃閹雞，代表家人生活，豐足美滿。這就是「吃新谷節」之由來。

## 族群天文

哈尼族同胞，在天文科學領域方面，也有優異的表現，也有獨到的見解，更有特殊的創意，他（她）們發明了獨特的天文曆法，又稱之為「物候曆法」，將全年區分為「冷季」、「吹風熱季」、「濕季」等三個季節，每一季分為四個月，全年十二個月，依序命名為送舊月、迎新月、草死月、地濕月、種谷月、踩耙月、梅雨月、拔草月、收割月、嘗新月、入庫月、櫻桃月等月份，每月均為三十天。相傳在過去，一度曾經使用十二生肖，作為「記年」或「記月」之依據，後來不知為何而作改變。

## 族群科技

哈尼族同胞，在科學技術層面上，已經早有優異表現，而且非常的出色，其中如「梯田耕種文化」與「刻木定水法」兩項發明，遠在千餘年之前，就已引領風騷，時至今日依然讓學者專家嘖嘖稱奇。該梯田文化，目前已被聯合國列為世界文明遺產，今後任何人（包括所有人）不得擅自加以變更或破壞。

首先就「梯田耕種文化」而言，此種文化之形成，應該是人與自然之間，維持和諧關係的最佳耕種方法，農民為了生存，利用山坡地帶種植水稻，但能善盡水土保持責任，使人與自然之間，維持良好關係，彼此相互依存，和平相處，製造雙贏局面。使族群所需糧食，不虞匱乏，解決民生問題，的確是一項兩全其美的方法。

其次談到「刻木定水法」，此種方法之施行，係由經驗豐富之長老或專家，以很精確計算方法，準確地計算出每一塊農田所需供水量，並按水流經過之先後順序，在水溝與水田之間入口處，設置一根橫木，橫木上刻上水量定位，讓水流在既定水量控管下流進田裡，不需有專人操作，避免造成人力與時間之浪費。有關梯田文化，明代農業專家徐光啟先生，曾經深入西南山區進行實地考察之後，頗受感動，特在農政全書之中，建議列入七大農田制度，可見深受中外學者專家一致的推崇。真讓我們現代科學文明望塵莫及，感到無比地佩服與敬仰。

## 族群文藝

哈尼族同胞，在藝術方面，就形式部分而言，是屬於多樣化，就內容部分而言，算是相當出色。其項目計有口頭文學、舞蹈、神話、傳說、詩歌、故事、寓言、童謠、諺語、謎語等，目的在敘述宇宙萬物的起源，人類如何戰勝洪水猛獸，以及族群歷史發展過程。至於詩歌部分，有所謂「拉把熱」、「阿基估」等，前者在祭祀或婚禮節慶等場合演唱，後者僅供於日常生活之中演唱。

## 族群音樂

哈尼族同胞，在音樂方面，不僅非常原始，也很傳統，就樂器方面，有三弦、四弦、把烏、笛子、蕭、葫蘆笙、鑼、鈸、嗩吶、口竹琴、俄比、扎比、嚮蓖、稻杆、葉號、竹腳鈴、牛皮鼓等，這些既多樣化，又原始性樂器，全都由族群長老或具有經驗之專家，自選材料，自行製作，自己調音，自行編曲，自行演奏，完全不需依賴外地進口。所以音樂文化，如此代代相傳，得以流傳至今，維持既有水準，從未失傳或間斷，歷經千餘年而不綴，更加繼續發揚光大。

## 族群舞蹈

哈尼族同胞，在舞蹈方面，也有獨到之處，其舞蹈種類，計有「三弦舞」、「拍手舞」、「扇子舞」、「木雀舞」、「樂作舞」、「冬波磋舞」、「竹竿舞」等，在舞蹈整體表現上，充分呈現出步伐豪邁，舞步健康，舞姿美妙，節奏明快，氣氛融洽，場面熱烈，使許多年輕人聞聲而至，踴躍參與，因此，能夠得以繼續流傳至今，不是沒有原因的。

## 族群美術

哈尼族同胞，在美術方面，最擅長刺繡、編織、雕刻、器皿等美術才華。尤其女性在刺繡上，不論繡、挑、扣等各方面，幾乎個個功夫可是了得，不管老少，人人都有一雙巧手，為中國少數民族的傳統刺繡藝術，創造傳奇的史頁，她們所製作的繡花背包，普遍受到來自世界各國之觀光客喜愛，也獲得中外人士的一致的好評。

## 族群娛樂

哈尼族同胞，在娛樂方面，除了美術、詩賦、音樂、歌唱、舞蹈之外，就普遍性及代表性而言，計有「打陀螺」、「盪鞦韆」與「坐騎磨鞦」等活動。不過，其中「打陀螺」這個活動，好像屬於男性朋友專利的一種運動項目，女性朋友似乎很少有參與興趣。至於「盪鞦韆」，卻是不分男女老少，人人都可參與，只要膽量夠就行。究竟什麼是「騎磨鞦」呢？事實上，它像是一種能夠轉動的蹺蹺板，它是非常刺激的一種娛樂活動項目，通常在所謂「苦扎扎節」狂歡活動中，是一個重要活動項目，如果任何人想參加，首先必須擁有一顆超強的心臟，以及夠大的膽量才行，否則在運轉過程中，一旦發生暈眩，恐將造成嚴重傷害後果，不是任何一個人都能玩的。所以在玩此娛樂活動項目之前，請事先衡量一下自己的身體狀況，以免發生意外事件。

## 族群飲食

哈尼族同胞，在飲食方面，除農忙季節外，基本上，每日僅吃兩餐，也就是上午、下午各吃一餐，他（她）們總認為一天吃三餐，不僅浪費時間，也消耗資源，所以該將多餘時間，用在農耕或其他生產工作之上，所以他（她）們跟中南半島上的各國民族一般，走在人群之中，眼前極少看到肥胖身材，可能得歸咎於這一緣故吧。

哈尼族同胞，在主食方面，原則上，以「稻米」食為主，「玉米」為輔，其中「稻米」部分，除擁有耕種梯田地區居民外，大多以紅色或紫色旱稻為主，他（她）們喜歡將梯田所生產的白色稻米，製成所謂粑粑絲、米粉、米線、捲粉等人為加工食品。也會將旱田所生產的紅色米，或紫色米，製成所謂紫米飯、紫米粑粑絲、紫米粥、紫米粉、紫米八寶飯、紫米氣鍋雞等，花樣很多。根據口頭相傳，類似食物具有補血益氣，暖脾止虛，健腦補腎，收宮強身等功效。凡需要者，值得效法他（她）們，也加以試試看。

哈尼族同胞，在食物料理方面，喜愛酸甜苦辣等味道，尤其喜歡醃製食物，因為他（她）們族群，除居住在城市者外，原則上，並不使用電冰箱，原因有二：一是浪費電力，二是沒有必要。所以他（她）們自始以來，都喜歡過著既傳統，又原始的生活模式，白天全家出外求學或工作，一旦回到家裡，全家大小都會圍在火爐邊旁，一邊用晚餐，一邊聽長輩說故事，講歷史，使族群文化得以傳承至今，並且得以繼續保存下來。於是哈尼族同胞，在食物保存方式上，不論牛肉、羊肉、豬肉、雞肉、鴨肉、魚肉、鱔肉、鰍肉、螺肉等肉類食品，必須依靠煙燻，火烤之後，保存時間才能持久，提供家人不時之需，也使原鄉沒電和沒冷凍箱等困擾問題，獲得圓滿解決。

哈尼族同胞，在其他副食品方面，如以人工種植者，似乎種類太少，尤其蔬菜類，僅有青菜、蘿蔔、佛手瓜、南瓜、黃瓜、田瓜豌豆、花豆、米豆、蠶豆、四季豆、芋頭、土豆（馬鈴薯）等，其他蔬果類，不明瞭在於缺乏種子，或因氣候不宜，所以很少有機會看得到。

哈尼族同胞，在水果種類上而言，實在少得可憐，根據實際了解，絕大多數的原鄉，基本上，僅有芭樂、石榴、甘蔗、大黃瓜、芭蕉、黃果、黃泡（註：黃泡果肉乍看之下，似乎有點像迷你型草莓）等類水果，不像我們住在台灣的同胞，幾乎一年四季，隨時都有機會吃到自己喜愛，也買得到各種味美可口水果，生活的確過得很幸福！這在哈尼族群來說，恐怕連作夢也無法想像得到，原因是在（她）們許多人當中，至今可能連台灣所生產的水果模樣，連看都沒看過！更不用說品嚐了。

## 族群建築

哈尼族同胞，在居住環境選擇方面，原則上，有依山而居的愛好與習慣，不明過去先人是否曾經有過水患肆虐經驗，以致族群現在居住地點，除居住在城市者外，仍然留在原鄉的人，一般性而言，大多偏愛選在山半腰之間居住。所以將他（她）們形容成山地族群，似乎也很恰當。

哈尼族同胞，在房屋建築結構上，計有三種型態，第一種型態，屬於二樓式高腳型建築物，樓下供作家禽或家畜使用，樓上提供家人居住。第二種型態，屬於三層樓式高腳型建築物，一樓供作家禽或牲畜使用，二樓供作家人使用以及存放糧食，三樓供作堆放蔬果或雜物。第三種型態，屬於連接式建築物，其中甲戶之屋頂，即為乙戶之陽台，陽台除了供作乙戶家人通行，以及休閒活動之用外，也可供作晒穀、晒玉米雜糧，或晒衣物之場所。

哈尼族同胞，建築房屋所需建材，就原鄉部分而言，大多沿用傳統方式建造，而所需建築材料，全都取自山中，其中建材部分，包括木材、瓦片、土磚、石灰、竹子、茅草、藤條等，全都由村寨或部落自行製造與供應，不需依靠外來。但在建築材料使用上，有瓦材建築與草材建築之分。其中就中國大陸部分，除邊疆地區族群之外，一般而言，還是以用瓦材作為建築構造較多，甚至部分的建築年代，已經非常久遠。但以住在緬甸、寮國、越南等部分族群而言，因為經濟情況尚未獲得改善，以致建築物構造，依然維持最原始的建築型態與結構，所需建築材料，如木材、竹材、茅草、藤條，均可取自山中，不需花費大筆金錢，便可達成「住者有其屋」的願望。其中木材部分，供作樑柱使用，竹子部分，供作房屋支架、地板、牆壁、樓梯等使用，茅草部分，供作搭蓋屋頂，藤條部分，供作綁紮使用，但是反過來說，他（她）們的確稱得上，真正的很環保的族群，對於維護地球生態，盡了一份力量。

## 族群服飾

哈尼族同胞，在服飾製造方面，不僅具有獨特創意，而且幾乎全以自力更生方式達成需求目標，縱然不依靠外來，也可以過生活，原因是他（她）們從種植棉花，進行紡紗、織布、染色、縫製、刺繡等作業過程，均由族群的女性們，來完成這項服飾製造工程。

哈尼族同胞，在服飾色調上，比較偏愛青色、藍色，或黑色，然後再用其顏色來搭配或點綴，以增加族群女性之穿著美感。不過，哈尼族群的女性，在服飾製造所用布料、顏色方面，基本上，在進行織布之前，就有所謂「一體成形」之考量構想，可以節約人力時間之浪費，至於需要耗費功夫部分，就在於刺繡圖案這一項，因為刺繡工程圖案構思費神，規劃格式繁瑣，消耗時間較久，所以是一件很不容易的事。另在服飾上仍須縫上用銀器打製而成的圖案、鎖鍊、扣環、墜子等飾物，以及其它如珍珠、瑪瑙、珊瑚、貝殼、亮片等加以搭配、點綴，才算大功告成。

哈尼族同胞，在服裝款式上，不論國內或國外，大同小異，差別不至太大。居住在中國大陸的哈尼族群，由於中共政府實行改革開放措施，帶來大量觀光人潮，人民受到此項改革開放之賜，經濟情況普遍獲得改善，所以在服飾穿著上，也隨著時代之進步，產生很大的變化。不過，哈尼族群對於傳統服飾之縫製方面，依然繼續保持原有風貌，絲毫不受時代進步所帶來的影響與衝擊，唯一在服飾搭配材料、顏色、式樣、配件等取得及貨源供應上，產生極大的變化，可以充分滿足女性朋友們，縫製服飾材料供應需求。至於男性與女性服飾之差異，分別介紹如下：

哈尼族同胞，在男性部分，頭戴使用青色、藍色、黑色布料製作而成的頭巾，頭巾有用布料縫製成的，也有用絲料縫製成的。上身穿著青色、藍色、黑色布料縫製而成直領對襟短杉，或無領左襯長杉，袖長及腕，袖管窄小。上衣鈕釦有用布料製作的，也有用銀器製作的，但卻少見有使用塑膠製品。至於下身穿著用布料縫製而成的肥大褲襠直桶長褲，加上一條用布料或皮革製作而成的腰帶，腳上穿著一雙布料縫製而成的布鞋、便鞋，或運動鞋，如逢重要節慶活動機會，必須加上一件白色內衣，以示莊重。

哈尼族同胞，在女性部分，頭戴用多種色系拼湊而成的花色帽子，帽子外圍圓周，必須縫上用銀器打造而成的各種圖案，或用貝殼、珍珠、珊瑚、瑪瑙、亮片等製作而成的配件，顯示出富有的一面。上身穿著左襯短杉，胸前刺上或縫上個人所喜愛的圖案或配件。下身穿著一條短裙，長度猶如過去各地曾經流行過的現代迷你裙一般，短裙外同樣附帶縫上各種配件，其中最為特殊部分，是在短裙之外前方加上一片垂直式外襯，長度比短裙稍長，寬度約三十公分，下擺末端逢上珍珠及絲帶，目的在於蹲下或坐下時，可以用來遮掩下體，上坡時可將它轉至身體後方，避免春光外洩，防止有心男士偷窺，確保女性個人隱私。再來小腿部位，還綁上類似軍用綁腿似的繡花綁腿。腳上穿著一雙自己縫製的繡花布鞋，或運動鞋。最後身上還要背一個繡花背包，這就是哈尼族群女性朋友的標準裝扮。

哈尼族同胞，在兒童部分，男孩頭戴用青色或藍色布料鄉間縫製而成的帽子，帽外圓周加上豬芽、虎爪、豹爪、穿山甲鱗片、貝殼，或植物果仁等配件。女孩則頭戴用各種色系布料拼湊而成的帽子，帽外圓周縫上各種圖案或配件。外出時需在兒童上衣口袋內放置一支黃泡刺，或一瓣大蒜，以便發揮避邪作用。

至男孩與女孩之間，不論服裝款式與顏色等方面，基本上，與成人之間相比，差異並無多大。

## 族群婚俗

哈尼族同胞，在男婚女嫁方面，基本上維持一夫一妻制，但於男子娶妻多年之後，妻子仍不生育者，男方可以再取一妾的風俗習慣，好讓男方能夠達成傳宗接代的願望，避免有絕後的情況發生。哈尼族群，未婚男女間，可以自由戀愛，不過，一旦兩人情投意合時，雙方家長得相約一同走一段路，這種習俗他（她）們稱為所謂「踩路訂婚」，如果男女雙方家長在走路途中，沒有遇到任何野獸，就代表完成子女的訂婚儀式，雙方家長回去之後，便可展開準備子女的結婚大事。這就是「踩路訂婚」風俗習慣之由來。

哈尼族同胞，在新郎迎娶新娘時，有所謂「捶新郎」的風俗習慣。在這種喜劇開始之前，男女雙方家長與親朋好友，將會若無其事一般，一起把酒言歡，痛快暢飲一回，甚至談天說地，幾乎什麼事也都未曾發生似的。就在這個時候，新娘突然出現在大家的面前，一句話也沒說，就沒頭沒腦地舉起雙手往新郎身上猛打，等到新娘自認已經捶得夠本，瞬間轉變成破涕而笑，然後擁抱母親大哭一場，此時新郎會藉機向新娘大聲說：「該走了吧」，這才背起新娘往回家的路上開跑，娶新娘的程序到此為止，才算告一段落。這就是「捶新郎」風俗習慣之由來。

不過，據說哈尼族同胞的結婚風俗習慣，仍有少數地區，在新娘出嫁之前三天，就已開始出現所謂「哭婚」的風俗習慣，也有的地區，男女結婚時間，訂在傍晚舉行。但不明其原因何在？因為哈尼族群的男女結婚時間，絕大多數是選擇在中午時分舉行。

## 族群禮俗

哈尼族同胞，在喪禮方面，喪禮上有吃「臨終飯」之風俗習慣。一旦遇有族人往生事件，必須有一連串之所謂續氣、鳴槍宣告、易床、停屍、淨身、換壽服、釘棺、哭唱輓歌等程序。在全村或寨聽聞有族人往生事件，所有年輕女性，必須聚集在喪宅，大家相擁哭成一團，其場景將會讓人真假難分，使與會者也會跟隨她們黯然淚下。喪禮之中也會為往生者送經，尤其需要念所謂「指路經」與「家譜」，好讓祖先承認接受，避免往生者無法跟祖先們相見。

其次在喪事過程中，還要進行所謂「莫搓搓」，目的在為往生者洗刷罪孽，為其安排去處。喪禮開始時似乎感到哀傷，到後來卻以歡樂收場，經過一連之串敲鑼打鼓過程，族人展開歌舞活動，場面壯觀，氣氛熱烈，通宵達旦，代表生死相融，哀樂與共，因死亡乃意味著生，他（她）們的族群一致認為，人若「沒有死，那來生」，這是一種自然生生不息的過程。古人有所謂：「人生自古誰無死，留取丹心照漢青」。

## 族群經濟

哈尼族同胞，在經濟方面，大多從事山區或半山區之農業生產，產品有旱稻（屬於紅色米品種）、玉米（有紅色、白色、黃色、花色、黑色等品種）、棉花、茶葉、煙草、雜糧、蔬菜、水果等、除此之外，也擅長手工業，種類有雕刻、器皿浮雕、刺繡、編織等，畜牧業、採集、狩獵、貿易等商業活動，他（她）們的農業特色，除了「梯田耕種文化」之外，還有利用梯田水利養殖魚類與田螺，也就是用梯田儲水，用水養魚，用魚吃草，用魚吃蟲，為人除害，最後在稻穀收成之後，人們進行撈取魚獲及田螺，然後吃魚，吃螺，達到四者互利共生目的，是一種特殊的養殖技術，值得給與熱烈掌聲。其次雲南哈尼族群之特產，例如墨江地區出產的「紫膠」，冠居全國。西雙版納地區出產的「普洱茶」，更是聞名於世界。另外固舊市所出產的「錫」，也聞名於全國，自從有史以來，人們素有「錫都」之稱。

## 族群教育

哈尼族同胞，雖然目前已有自己的文字，但在族群教育方面，仍舊不如理想，甚至非常落後。尤其至今還住在原鄉村寨居民之子女，由於交通建設稍嫌落後，所以無法享受到政府創辦之正式學校教育機會，由於此一緣故，所以族群文盲人數仍舊偏高，猶待各國政府檢討改進。至於緬甸、泰國、寮國、越南等國，情況更為嚴重。除政府所辦的學校教育機構缺乏外，甚至連他（她）們族群自己的文字，恐怕也沒見過，所以無法進步，只有繼續停留在原地，失去進步機會。

## 族群交通

哈尼族同胞，在交通建設方面，情況也遠不如理想，尤其至今仍然居住在原鄉村寨的居民，由於大多居住在較高的山腰上，以致交通建設先天不足，後天失調，除部分觀光景點之外，其餘最好的交通工具，仍舊得靠自己的雙腳，或者使用牛車拉運，或使用騾馬駝運。至於居住在緬甸、寮國、泰國、越南者，由於地處偏僻，根本沒有現代化交通建設可言，有少數哈尼族群，甚至連汽車、機車、腳踏車，甚至馬車或牛車等模樣，似乎也都未曾見過，也稱得上是現代人類社會「交通文盲族群」吧。

## 族群風俗

哈尼族同胞，在風俗習慣方面，若以中國大陸而言，我不是很瞭解。但若以緬甸來說，我並不怎麼陌生，原因是在緬甸的撣邦境內，到處都有阿卡族（按指哈尼族而言）的身影，尤其我異域反共游擊隊盤據區域內，僅有撣族、佤族、苗族、拉祜族與阿卡族，因此筆者對他（她）們的風俗習慣，略有一點概念，簡單扼要向讀者介紹如下：

第一、緬甸撣邦的阿卡族群，在村或寨或部落外之入口處，總會豎立有一對木刻雕像，雕像有男女各一，而且雕像有很明顯的還有男女兩性器官特徵，是否代表漢民族的門神？就不得而知了。

第二、緬甸撣邦的阿卡族群，其中就婦女而言，縱然腳上沒穿鞋，也要讓小腿綁上綁腿，猶如抗戰時期的國軍戰士，縱然腳下穿的都是草鞋，但在小腿上還要綁上布綁腿，何必多此一舉呢，實在讓人不解。不如用此布料製造布鞋，提供戰士們穿，那該是一件多麼美好的事。

第三、緬甸撣邦的阿卡族群，就婦女而言，下身所穿的裙子，實在非常之短，在生活作息間，經常需要注意遮掩，以免春光外洩，難不成是為了美觀嗎？可是她們又沒穿內褲的習慣，與我們文明社會的婦女比較，還真是有過之而無不及，開放尺度的確有夠大方，也很前衛，不是我們現代文明社會時尚潮流，所能趕得上的。

第四、緬甸撣邦的阿卡族群，與水源地相距甚遠，用水得來不易，洗澡機會相對減少，久而久之，養成不太喜歡洗澡的習慣，當然原因在於他（她）們，都住在半山之間，取水很不容易，再因他（她）們所處的環境屬於山區，夜晚氣溫下降，將會變得寒冷，還需要靠火取暖，所以縱然不洗澡，也是一種習以為常的生活模式。

第五、緬甸撣邦的阿卡族群，不論男女都喜愛抽煙，而且人手一支煙斗，是使用竹根製作而成的，一眼望去，總有所謂「那家煙窗不冒煙」的景象。假如他（她）們生活在現代化社會裡，恐怕一時之間還很難適應呢？

第六、緬甸撣邦的阿卡族群，有嚼檳榔的習慣，不論男女老少，大家都會嚼，據說嚼檳榔，也有增加體溫的功效，更可發揮驅寒的效果。

第七、緬甸撣邦的阿卡族群，大多住在偏遠山區，平日生活都能自食其力，除食鹽外，縱然不靠外援，照樣也能過活。

第八、緬甸撣邦的阿卡族群，不論任何現代化文明進步，都與他（她）們無緣，更不用說享受，根本連看都沒看過。

第九、緬甸撣邦的阿卡族群，幾乎一無所有。沒有現代化生活享受、沒有現代化交通設施、沒有現代化教育機會、沒有現代化福利制度、沒有現代化醫療設施、沒有現代化生活保障、沒有現代化生活補助。至於寮、越等兩國，情況恐怕也差不多，好不到那裡去。

# 景頗族篇

景頗族群，是中國五十六個民族之一，也是雲南省世居少數民族之一，更是一個分佈在中國、緬甸、印度等三國之跨國性民族。景頗族群，在緬甸屬於八大主體族群之一，華人稱他（她）們為「山頭或老抗」，性格剛烈強悍，喜愛喝酒文化，依照族群傳統習俗，男士都有隨身攜帶長刀習慣，總是給人有一種經常保持戰鬥準備狀態的感覺。

## 族群人口

景頗族同胞，目前總人口數，約百萬人左右，其中住在中國境內，約有十四萬餘人，在中華民族群排名順位上，居於第三十五位，在雲南省民族順位，排名順位第二十五位。分佈在緬甸境內約八十五萬餘人，景頗族群在緬甸有自己的一個民族群邦，稱之為「克欽邦」，不僅是緬甸一百三十五個民族之一，也是八個主體民族之一。分佈在印度境內者，約有數千人之間，但人口數據目前不詳。

## 族群分佈

景頗族同胞，也是氐、羌兩個民族之後裔，根據文獻資料其族群稱之為山頭，而山頭又有大山、小山、茶山之分。分佈區域，就中國境內而言，以雲南省德宏自治州的芒市、隴川、盈江、瑞麗、梁河等縣市地區為主，其次如怒江傈僳族自治州的芒馬、古浪、岩房、耿馬傣族佤族自治縣，以及瀾滄縣等，均有族群的足跡。就緬甸境內而言，以分佈在克欽邦轄區內為主，也是克欽邦主體民族，其次在撣邦轄區內，也有景頗族群，通稱之為克欽族。分佈在印度境內，以居住在阿薩姆省轄區內為主。

## 族群語言

景頗族同胞，在語言體系上，也是屬於漢藏語系，其語言種類有載瓦語、浪速語、勒期語等三種方言。但因部分地區的族群，種族雖然相同，但使用語系有別，所以在夫妻之間，彼此所使用語言，竟然不盡相同，而他（她）們之間，彼此互不相讓，同一家人在自己家裡，盡然各說各話，造成語言隔閡，使為人子女者，他（她）們必須格外用心，同時會說父母之間，兩種不同的方言，才能和父母對話溝通，所以，稱得上是有史以來，最為倔強的一個族群，不論男女雙方，誰都不肯輕易讓步，真讓子女們左右為難，不知如何是好？不過，這樣的互動差異，他（她）們也能和平相處，一輩子相安無事，說起來也是一件很不簡單的事。

分佈在緬甸克欽邦的景頗族群，所使用的語言，已正式列為政府官方語言之一，政府機關公文書之發佈，政令之推行，也有克欽文版本，可見有其相當地位。同時緬甸政府相關部門，也設置克欽族事務主管機構。不過，緬甸聯邦政府，已經開始進行語言統一工作，也就是說，政府當局始終沒有放棄所謂「一個民族，一種語言，一個宗教的一元文化」政策方向發展，現正全力朝此目標推進之中。但緬甸的學者對此政策不表贊同，原因是他（她）們認為，緬甸是一個多民族，多宗教，多元文化的國家，此一政策施行不易，且將遭受各民族群起反對，最後會給緬甸人民帶來嚴重的災難。

## 族群文藝

景頗族同胞，在文藝層面上，有自己族群的文字，使用拉丁字母拼音。因此，在族群文學創作方面，不僅發生催化作用，也產生發展動能。尤其在有形的文學層面上，可謂集其「詩」、「歌」、「舞」於一爐。其中最為人稱道者，莫過於創世史詩（勒包齋蛙），包含了人們對於自然界，和人類社會的認識與瞭解，深受族群人士與文化學者之喜愛，因為它是中國雲南省民間文學的一朵奇葩，也是一種長篇敘事詩。

景頗族同胞，在民歌文藝活動方面，更是功不可沒，不僅十分流行，也非常之豐富。在族群山歌部分，區分為大聲唱的「直么」，小聲唱的「直作」，有一人獨唱的曲目，有多人合唱的曲目。其次也有所謂「風俗歌曲」與「借磨羅總」，最富有族群特色，素有「目腦縱歌之鄉」的雅號，每逢有傳統節日，常有數千人甚至於數萬人參與所謂「踩著月」起舞，其人數之多，規模之宏，場面之大，簡直盛況空前，威震四方，一向被族群或學者稱之所謂「天堂之舞」。主要用於族群「祭祀」或「木代」，代表迎賓或重大慶典或節日等。另在藝術發展方面，有所謂「口頭文學」、「神話」、「寓言」、「諺語」、「謎語」、「歷史傳說」、「說故事」等，內容極為豐富，表現十分精彩，都是族群的文化精髓。

## 族群身分

景頗族同胞，就以姓氏而言，代表個人的身分與地位，他（她）們在過去山官時代，就是一九四九之前國民政府時代，所謂「土司官制」。曾經將貴族的身分，區分為大、中、小三類，將個人的地位，區分為官員、百姓、奴隸三種。一個山官家族，可以分配三至五個奴隸。至於一般平民百姓，必須向管轄山官，善盡下列納貢義務。第一、山官轄內百姓，凡有殺豬宰牛，或獵到野生動物，須向山官納貢物種的一條腿。第二、每戶每年須為山官，負擔三至六個工作天，無賞性義務勞動。第三、每戶每次播種一籮筐種子，收成時須向山官納貢一至六籮筐稻穀。第四、漢族每戶每年須向山官納貢二至四兩鴉片煙。幸好時至今日，該種封建式階級劃分與帝王剝削制度，已經不復存在，否則在他（她）們管轄之下的平民百姓，生活情況真的很悲慘。

景頗族同胞，在家族姓氏方面，也有大姓與小姓區別。其中大姓有二十六個，共計五大官姓，再由二十個大姓，衍生出三百餘個小姓，而族群姓氏來源，以下列六大性質為主。一、由官位延伸而來。二、由出生地點延伸而來。三、由動物名稱延伸而來。四、由植物名稱延伸而來。五、由生活用具或建築材料延伸而來。六、由食物或事物名稱延伸而來。七、由動物行為延伸而來。

## 族群節慶

景頗族同胞，在族群節慶方面，項目並不如其他族群那麼地多，具體而言，僅有目腦節、採花節、仙能節等三大節日，簡單扼要介紹如下：

### 目腦節

所謂「目腦」，學者曾經提出三種不同的銓釋，第一、是人類基於祭典需要，特地向鳥兒學習「目腦舞」，但鳥兒也是向太陽神學來的，於是每逢重大慶典或祭祀，景頗族群都需要跳「目腦舞」，以示慶祝。第二、景頗族群，原本居住在一個遙遠而又美麗的地方，不料，突然來了一個魔王，不僅給景頗族群帶來天災人禍，還要以吃人為樂，讓人們生活在水深火熱之中，後來有位名叫雷盼的男士，帶領族人起來與魔王對抗，最後一舉將魔王消滅，還給族群太平生活。第三、族群創世者寧貫瓦先生，生前曾經對兒子雷盼交代，在他往生之後，必須舉行喪禮目腦，因為唯有這樣，才能形成大地，繁衍人類，產生萬物，並認定孔雀為族群的領舞者，所以他（她）們在跳「目腦舞」的時後，舞者頭上必須戴上羽毛帽，以表達對孔雀的崇敬與感激。這就是「目腦節」之由來。

景頗族同胞，對於目腦節日慶典，原則上，選在農曆上月十五日以後的第九天內選擇雙日舉行，由來歷史十分久遠，一般用於豐年、出征、凱旋、婚嫁、新居落成、兄弟分家、喪禮、祭祀神明等，一律需要跳目腦舞，以表達對上述節慶之熱誠與心意。所謂「目腦」又區分為：「歲目腦」、「布當目腦」、「貢冉目腦」、「騰肯目腦」、「宣然目腦」、「達如目腦」、「昔目腦」、「柱目腦」等八種。各種目腦象徵意義有差異，僅此提出簡單介紹。「歲目腦」，象徵家庭興旺，子女眾多。「布當目腦」，象徵出征獲得勝利凱旋歸來。「貢冉目腦」象徵兄弟分家。「騰肯目腦」，象徵新居落成。「宣然目腦」，象徵貴族婚嫁。「達如目腦」，象徵族群出征。「昔目腦」，象徵有名望之長者往生。「柱目腦」，象徵祭祀神明。

## 新米節

景頗族同胞，歡度此一節日，原則上，選擇在農曆八、九月間，於稻穀成熟時舉行。在此節日之前一天，主人開始進行各項準備工作，於節日當天起個大早，然後背起一個裝滿鮮花的竹籃子，前往自家田裡，帶回一捆已經成熟的糯谷稻穗，回家之後，得先放置在所謂「鬼門」旁，再通報左鄰右舍，邀約於次日前來家中作客，請客當日，各家戶男女老幼和巫師，將一同前來表達慶賀之意。等客人到齊之後，主人會先以水酒招待來賓，最後再品嚐新米飯，但此日原則上，並不宰殺牲畜，僅以炒穀子，舂扁米，做粑粑絲，煮新米飯（米飯區分為糯米飯或一般稻米飯），年輕女士們上山找野菜，年輕男士們下河撈魚，以便做為宴客之用。在宴席開始前，須先舉行祈禱儀式，在儀式進行過程中，巫師將用粑粑絲、扁米、水酒、乾魚、乾老鼠肉等祭品，祭祀鬼神，祈求能夠保佑村寨或部落族群，人畜平安，風調雨順，去除災禍，五穀豐收。如果將來全都能夠獲得實現，主人將會以殺豬宰羊方式，再次祭祀神明，表達感激之意。這就是所謂「新米節」之由來。

## 採花節

景頗族同胞，有關採花節日，基本上，選擇在春節期間舉行，在此節日時分，同村寨或鄰近之村寨，所有年輕男女，將相約同在一起歡聚，他（她）們在約會時，總會攜帶如粑粑絲、糯米飯、雞蛋、水酒等，再尋找一處適當地點，大夥一起從事吹蕭、唱歌、跳舞、說笑、嬉鬧，進行各種遊戲活動，甚至談情說愛，或互相餽贈禮物，直至夜晚再前往「公房」聚會，有時候玩至通宵才肯散去，應該算是一項青年男女聚會活動。所謂「公房」，應該是指景頗族群，通常在村寨附近，找一適當地點，搭蓋一間高腳式竹造樓房，以提供族群開會，或年輕男女聚會活動所使用，並為眾人共有的房屋。此類公房，既可提供村寨長老聚會，也可提供年輕男女夜間聚會活動，或聚會之後大家就地睡眠使用。這就是所謂「採花節」之由來。

## 仙能節

景頗族同胞，對於仙能節慶，原則上，選擇在農曆二月十日舉行，其原因是在此節日期間，正逢春回大地，萬象更新，處處呈現出嶄新的景象，將給人間帶來無窮希望。景頗族群之青年男女，總想藉此機會相約聚會同樂。逢此節日之際，族群全體未婚青年男女，都會盛裝出席，甚至身邊配戴各種裝飾品，然後大夥一起唱起民歌、一起競技射擊、一起競技刀舞、一起競技彈弓，達到與節日同慶，與好友歡聚的目的，算是一個年輕男女聚在一起，大夥盡情歡樂的重要活動節日。這就是所謂「仙能節」之由來。

## 族群信仰

景頗族同胞，在宗教信仰方面，其中有許多族人是信仰基督教外，也有部分族人，始終認為在自然界中，應該屬於萬物有靈，萬教歸宗。他（她）們的信仰方式，非常之特殊。他（她）們將鬼神區分為「天鬼」、「地鬼」、「家鬼」等三種。在天上的鬼，則以「陽鬼」為最大，在地上的鬼，則以「地鬼」為最大，至於在家裡的「家鬼」，則以「代木」為最大。舉凡族群播種、插秧、收割、婚喪、械鬥等，都得邀請族群巫師舉行祭祀儀式，並且需要宰牲，用來祭祀「鬼神」，以求族群平安無事。巫師又稱為「目腦」，祭典也稱之為「目腦」，此種祭典方式，相傳天主教會也曾經流傳過，但最後卻無疾而終，未能風行至今，應該也算是一件好事，否則今天全球人類社會，恐怕沒有這麼多的天主教徒了。

## 族群婚俗

景頗族同胞，在婚姻制度上，也遵行一夫一妻制，但在家中父親才是家長，無子家族可以招贅婿，但贅婿不必改姓，養子與贅婿享有權利義務，與親生兒子相同，家中財產由幼子繼承，但幼子必須負起扶養父母責任。姑家男性可娶舅家女性，舅家男性不能娶姑家女性，以致形成所謂「姑爺種」與「丈人種」的婚姻關係，構成「血不倒流」規矩，算是一種單向的舅表婚姻習俗。同時也流行妻死之後，夫可再娶其妹的婚姻習俗。也有所謂「討媳婦不限於一家，嫁姑娘不限於一戶」之諺語。另也流行所謂「搶婚」習慣，流行所謂「串姑娘」活動。串姑娘行為，是一種選擇佳偶的戀愛方式，青年男女在串姑娘時，可在公房與眾人同睡一起，但不能發生越軌行為，否則為族群習俗所不容，將會受到嚴厲制裁。

景頗族同胞，在青年男女交往過程中，男性向自己所喜愛的女性，表達愛意的方式，通常用樹葉包上「樹根」、「火柴」、「辣椒」、「大蒜」等禮物，送至女方手中，據說包含下列意義：「樹根」代表思念不已。「火柴」代表態度堅決。「辣椒」代表愛得炙熱。「大蒜」代表希望同情。如果女方同意，就將禮物完璧歸趙，如果在禮物中加上火炭送還，表示拒絕。男性應該就此死心，從此不再糾纏對方。

景頗族同胞，在迎娶新娘過程中，需要通過三道障礙，才能脫離險境，第一道障礙，由中年婦女負責把關，要求新娘喝下水酒與接受禮物，但在眾人高喊「不准新娘通過」聲中，伴娘們會帶新娘從另一端通過關卡。第二關由男性負責把關，也要送禮物給新娘，此時媒婆會假裝醉酒，伴娘將找機會帶新娘通過關卡。第三關由兒童負責把關，新娘會趁機將兒童抱起，立即通過關卡，表示婚後將會順利獲得子女。不過新娘這時還無法休息，等到了新婚夫家，還得舉行一連串儀式，首先新娘由院子前往竹樓新房途中，約有一公尺之間隔挖掘一個小坑，坑內埋上一束約有身高一般之茅草，在茅草中間放入一根長約兩公尺木頭，或放置一塊新木板，或放置一個新梯子，也會在茅草叢之兩端，栽上一對芭蕉樹，兩棵甘蔗，其中芭蕉樹代表吉祥，甘蔗代表甜蜜，茅草代表人丁旺盛，當新娘走到家裡，還得邀請巫師祭祀家鬼，祭祀家鬼還得宰殺牲畜，在將其血滴在水酒之中，再淋在茅草上，新娘才能沿著木頭與梯子走上樓進入新房，此種儀式也稱之為「跨草篷」。於是婚嫁過程，十分繁瑣，弄得新郎新娘，都不太好受，所以結婚大事，對他（她）們來說，可真夠累。

景頗族同胞，在男女婚嫁上，截至目前為止，仍然必須遵守「姨表不婚」，「同姓不婚」，「同一族系不婚」的規矩，族群男女始終遵守此一傳統習俗，至今仍無任何改變跡象。不過，對於防止近親繁殖問題，從族群健康角度上來看，似乎值得肯定與認同。

## 族群飲食

景頗族同胞，在飲食方面，仍以米食為主，其食米有「糯米」與「一般稻米」之分，但稻米又有「旱稻米」與「水稻米」之別。景頗族群基本上，既「不吃隔夜米」，也「不吃隔夜飯」，他（她）們會在煮飯當天舂米，當天煮飯，當天吃完。所以不留下「隔夜米」或「隔夜飯」，這在健康立場而言，的確是很好的想法，值得我們現代文明人參考。至於配菜方面，則以豬肉、雞肉、魚肉、山產野味，如野豬肉、野牛肉、山羊肉、山羌肉、野鹿肉、野雞肉、野鴨肉、野鼠肉、蝦類、螺類、蟹類、昆蟲、竹蛹、蜘蛛、螞蟻蛋、蟬類、蚱蜢等，幾乎什麼都吃，不論是天上飛的，地上爬的，水中游的都吃，沒有任何禁忌，簡直到了所謂「萬物為我人類所用」的最高境界。

景頗族同胞，對於肉類之保存方法，展現了所謂「山人總有妙計」的才華，原因是他（她）們大多居住在偏遠山區，很多家戶至今仍然沒有電力供應，在沒有電力供應情況下，當然也就沒有電冰箱，家裡沒有電冰箱，對於食物保存，總得另想辦法，解決困難問題。所以他（她）們自己想出以下三種肉類的保存方式：第一、在肉類風乾之後，抹上一層鹽巴與辣椒，可以延長保存時限。第二、將肉類烤熟剁細之後，再抹上一層辣椒青蔥大蒜與香料，也能延長保存時限。第三、將肉類拌勻佐料之後，再用芭蕉葉包妥置入火灰中焐過，再加以保存，也能拉長保存時限。經過以上三種處理方式，食物將可延長保存時限，隨時提供家人食用。

景頗族同胞，喜愛吃酸辣口味食物，而且族群男女老幼大家都敢吃，據說酸辣味食物，可以發揮「消暑」、「驅寒」功能。他（她）們群居在偏遠山區，衛生條件與醫療設備嚴重不足，唯有依靠自我的智慧，善用自己的方式，保護自己的族群，才是最好的生活方法，更是最佳的生存保障。

景頗族同胞，在人際關係上，非常之好客，他（她）們的族群一致認為，吃獨食很可恥，讓人餓著肚子離開，更是一件很不體面的事，也是一種很丟人的行為。所以，他（她）們不論吃飯，喝酒，總是想要跟他（她）人一起分享，不能獨自享用，一旦打到獵物，也是見者有份，與他（她）人一同分享成果，絕對不會吝嗇或私藏。

景頗族同胞，大家都喜愛喝酒，不論男女老幼，幾乎人人都愛喝，都會喝，也能喝。所以，三不五時常見他（她）們走在路上，總是東歪西倒，甚至醉臥街頭，一副狼狽不堪模樣。尤其他（她）們族群的男性，每個人的身邊，總會隨身以「右肩左斜」方式攜帶一把長刀，這在我們文明社會，可是已經違反所謂「槍、砲、刀、械」管制條例，但在他（她）們的族群來說，卻是一種文化傳統，縱然在文明社會的台灣，當他（她）們族群聚會活動時，還是會隨身攜帶長刀的習慣，如果事前沒有備案，還請各警察主管機關多加擔待，千萬不要怪罪他（她）們，以免傷害族群之間的和諧關係。

景頗族同胞，聚會活動結束之後，一旦他（她）們喝醉了，也會借酒裝瘋，當眾或當街跳起刀舞來，有時還真讓人為他們捏把冷汗。當然這種行為，有時難免也會給其他（她）族群，帶來無謂的干擾。尤其他（她）們若向你敬酒，你得免為其難接受招待，如果當面拒絕，那麻煩可就大了！不過，一旦接過酒杯，或酒碗，甚至或酒桶，你也不能直接將酒喝下，必須倒一點酒還給當事人，然後再一起喝，也就是說大家共飲一杯，或一碗，或一桶，但得先敬長者，自己再喝，喝過的酒杯，酒碗，酒桶，須用手將嘴唇碰過之處，抹擦乾淨，才能傳遞給他（她）人喝，表現出禮貌風範，符合衛生要求。

景頗族同胞，不論男女老幼，大家都愛嚼檳榔，或嚼煙草，而且每個人都會嚼。不像我們文明社會，大家那種燃燒式抽煙人口，似乎減少了許多。此種嚼檳榔或嚼煙草習慣，雖然在文明社會來看，並不怎麼雅觀，同時也會發生亂吐檳榔汁，或亂丟檳榔渣，或亂吐煙汁，或亂丟煙渣等情況，但他（她）們卻沒有給眾人，帶來空氣污染問題，也算是好事一樁。根據他（她）們族群傳說，嚼檳榔或嚼煙草，也會發揮解毒消暑功能。不知真假如何？猶待加以驗證。

景頗族同胞，在招待賓客方面，也很講究，方式也很特殊，展現出族群獨特的待客方式，具有族群的文化特色，它所代表的含意十分深遠。首先在客人坐定之後，女主人將端出一個竹籃子，來招待賓客。籃子裡面放置有白酒、米酒、米飯、雞蛋等酒品與食物，它有幾種不同之含意，其中白酒代表女性，米酒代表男性，糯米飯代表粘貼結合，親如一家，雞蛋代表純潔、圓滿、平安、康樂。這種待客文化，對於其他族群來說，恐怕連看都沒看過。

## 族群建築

景頗族同胞，在房屋建築方面，除城市居民外，至今仍居住在原鄉者，不論房屋結構、型態、建材、施工等，基本上，與佤族、傣族、哈尼族、拉祜族等族群，非常之近似。在房屋結構上，屬於木造型原始性建築結構。在建築型態上，屬於高腳型樓房建築物。在建材使用上，屬於天然又環保的建築材料。在施工方式上，幾乎不需花費任何金錢，而是全靠左鄰右舍共同幫忙完成。光就這點來說，他（她）們還比其他任何族群，都更加團結合作。尤其除大夥共同參與施工之外，甚至連建築材料取得，也都全靠左鄰右舍共同協助完成。這在我們今天所謂文明社會，恐怕是無法辦得到的。

景頗族同胞，在建築物建材使用上，僅有木材、竹子、茅草、藤條等四種必備材料，基本上，使用木材做為樑柱，與樓地板支架建築材料，使用茅草做為鋪蓋屋頂建築材料，使用竹材做為圍籬與地板建築材料，使用藤條做為捆紮或固定建築材料，就是如此簡單，如此環保，如此天然，是屬於最愛地球的環保人士。相傳此種房屋結構，還有所謂冬暖夏涼的功能，值得世人學習。

景頗族同胞，在房屋內部佈局上，有的另作隔間，有的不作隔間，所以一旦進入室內，會讓人有種空蕩蕩的感覺，通常在進門之後，首先看到的就是所謂「火堂」，所謂「火堂」，等於漢族的爐灶，此一火堂，在他（她）們來說，既是一個溫暖的地方，它是家庭主婦烹飪食物不可或缺的場所，也是全家晚間用餐、取暖、聊天，與相聚的場所，是將肉品吊掛在火堂上方烘烤之重要處所，更是招待客人的處所。其次他（她）們認為火堂之上有火神或灶神，是屬神聖不可侵犯，家人或客人，誰都不可從火堂上跨過，也不可用腳來踩熄燃火，否則就犯了大不敬，是一種褻瀆神明的行為。不可原諒。所以是一個神聖莊嚴的地點，訪客必須注意遵守他（她）們規矩與習俗，才能受到歡迎。

景頗族同胞，在房屋使用分配方面，原則上，也是一樓做為牲畜與家禽使用，二樓供家人使用。通常在二樓門外，會增設一座延伸式陽台，提供家人乘涼、做家事、聊天、工作、晒衣物、晒稻穀、紡紗或織布之外，有時候也可作為臨時性招待賓客使用，類似屋外待客方式，表示賓客以路過者居多，僅能小坐一會就走，不需主人招待飲茶或提供食物。

## 族群交通

景頗族同胞，在交通建設方面，如今仍然留在原鄉者，由於多屬偏遠山區，一般而言，普遍缺乏現代化交通工具，在他（她）們的族群社會中，生活較為好一點的地區，頂多也只使用騾馬供人騎乘，或用來馱運貨物，至於生活情況較差一點的地區，最後還是得靠個人自己的雙腿，甚至背負重擔，慢慢地走完人生全部路程，這不是您我今天生活在文明社會中的人，所能想像得到的。

## 族群服飾

景頗族同胞，在族群服飾方面，除已遷至城市者外，至今仍然留在原鄉者，原則上，以自力更生方式，提供家人穿著所需，他（她）們對於服飾材料之取得，與其他山居族群相同，從種棉花、採收、紡紗、染色、織布、縫製等過程，全都由自己的家人，使用萬能的雙手來完成，幾乎不需依賴外來物資支援，也能滿足穿衣需求。至於他（她）們的服飾簡要介紹如下：在男性部分，上身愛穿白色，或黑色對襟、圓領上衣。下身穿著黑色直筒長褲。頭部包白布或黃布巾，布巾周圍綴有花色圖案以及彩色小絨珠。外出時，身邊得背上一個黑色或多色掛包，一把中型長刀。腳部穿上一雙黑色或雙色涼鞋式布鞋，或改穿現代化球鞋，冬天改穿標準式布鞋。這就是景頗族男性的標準裝扮。在女性部分，上身愛穿著黑色或花色對襟上衣。頭上戴銀質髮箍，或植物材質髮箍。耳部戴上木質、竹質、藤質、鐵質耳筒或耳棒。手腕戴上藤質或鐵質手鐲。下身穿著黑色，或紅色，或紅黑雙色搭配的長筒裙。腿部紮上花色並有綴角的綁腿。腳部穿一雙黑色，或紅色，或黑紅搭配繡花涼鞋款式布鞋，冬天改穿標準型布鞋，或改穿現代化球鞋。外出時，上衣改穿前後及肩部，綴有許多銀質泡泡、銀質亮片的服飾。頸部掛上七個銀項圈，或銀質鍊子，或銀質鈴鐺。耳部戴上比手指還長的銀耳筒。手部戴上一對或多對粗大刻有花紋的手鐲。腰部為上一圈藤質並漆上紅色或黑色塗料之腰環。腳部穿著一雙花色涼鞋款式布鞋，冬天改穿標準型布鞋，或改穿現代化球鞋。所以，顯示了景頗族群，女性服飾裝扮方面，遠比男性較為考究。

## 族群教育

景頗族同胞，雖然有自己的文字，也有自己的文化，但至今仍留在原鄉者，尤其是居住在偏遠山區者，以緬甸國內的克欽邦，或撣邦兩個行政區域而言，幾乎沒有機會上學，既沒學校之設立，也缺乏本族語文之教學師資，所以至今在他（她）們的族群社會中，還有許多文盲存在，對於他（她）們族群文化的發展，已經造成極大的影響，猶待緬甸政府教育主管當局，注意此一現象，並加以謀求改進，讓他（她）們族群的下一代，能夠早日獲得受教機會與權利，使他（她）們族群的歷史文化，得以繼續保存下來，更加發揚光大。

## 族群經濟

景頗族群同胞，是一個標準的山地民族，他（她）們大多居住在海拔一千五百至兩千之間的山區，氣候溫和，雨量充沛，土地肥沃，特產豐富，適合族群居住，其農業生產種類有旱稻、水稻、玉米、雜糧、紅木、楠木、竹子、橡膠、油桶、咖啡、茶葉、香茅草等。也有熱帶及亞熱帶水果等，如菠蘿、菠蘿蜜、芒果、芭蕉、巴樂等傳統形農業經濟，工商業製造與經營方面，除造紙業甚為擅長與普遍之外，其餘產業製造或經營，至今依舊不甚發達。

景頗族同胞，就以分佈在緬甸境內族群而言，男性從軍人數甚多，在緬甸陸軍中，是一支能征善戰的隊伍，平時負有邊疆守備之重責大任，戰時帶頭衝鋒陷陣，是緬甸陸軍的先鋒部隊，也是緬甸軍方的反恐主力。他們一旦開赴前線，走上戰場，人人勇敢奮戰，個個不畏生死。所謂「人紅是非多」，由於緬甸境內有一支「克欽族獨立軍」，軍方高層難免對他們的忠誠度，或多或少持有懷疑態度，有時也讓他們感嘆所謂「英雄無用武之地」。

## 族群習俗

景頗族同胞，在生活習俗方面，有別於其他族群之處，分別介紹如下：

第一、景頗族群，對於祖先財產之處理，原則上，由幼子單獨繼承，但幼子必須負起扶養父母與長輩之責任。

第二、景頗族群，有招贅風俗習慣，入贅者的權利義務與己出相同，而且婚禮費用全由女方負擔，婚後約三至五年，即可另立門戶，追求獨立自主生活。

第三、景頗族群，基本上特別好客，不論任何熟人或陌生人，一旦到了他（她）們家裡，絕對不會讓你餓著肚子走，否則就是很不體面的事。

第四、景頗族群，已婚夫妻雙方，若因走到婚姻盡頭，無法繼續長相思守，可以請求離婚，但是否准其離婚，完全得由村老或寨老裁決，一經裁決確定，依照傳統習俗規矩，訴請離異之雙方，將家中的飯瓢，從正中間一分為二，然後兩人各執一半，從此分道揚鑣，男婚女嫁，各不相干。

第五、景頗族群，在送禮習俗方面，客人拜訪主人，必須手提一隻「禮籃子」，禮籃子內放置水酒、水煮雞蛋、糯米飯等三種禮物，主人接過禮籃子之後，必須先用水酒逐一向客人敬酒，然後自己才能喝酒，最後還要清點客人送的禮物，再將禮籃子還給客人，表示禮物已經收到。

第六、景頗族群，在用餐方面，既不需桌椅，也沒有餐具，而餐飲一律採取分裝、分食方式，餐點使用芭蕉葉包裝，一人一包，各自用手抓食。喝湯或喝酒，也都使用竹筒來盛裝，所以既原始，又環保，夠資格稱得上，是一個最愛地球，兼做環保的族群。

第七、景頗族群，基本上，對於雞鳴狗盜之徒，絕不寬待，一旦盜賊形跡敗露，而且人贓俱獲，處決方式，不是砍頭，也得剁手，所以有此嗜好之輩，最好不要冒犯他（她）們，以免遭致殺身之禍。

第八、景頗族群，在本質上，屬於強悍而剛烈的民族性質，且人人都喜愛喝酒，不論男女都會喝，也能喝，外出經常隨身帶刀，一旦喝醉容易鬧事，除非萬不得已，最好不要招惹他（她）們，如果他（她）們向您敬酒，您就勇敢地面對吧，接受他（她）們的誠意，以免因為拒絕他（她）們的招待，而給自己帶來麻煩與困擾，否則，您就得避免跟他（她）們混在一起。

第九、景頗族群，是一個標準的山地族群，早晚氣溫較低，所以他（她）們幾乎每個人，都喜愛嚼檳榔，或嚼煙草，相傳在嚼檳榔之後，將會產生增溫抗寒等兩種功能。由於他（她）們抽煙方式，不是點火式，改用口嚼式，算起來對於減緩地球暖化速度，降低空氣污染上，發揮了一點小貢獻。

# 瑤族篇

瑤族是中國五十六個民族之一，也是中華民族的一份子。族群的排名順位，居於第十三位。秦始皇完成統一大業之後，基於領土擴張政策與構想，展開對西南地區，大量移民計畫，瑤族這個族群，有可能就在這項政策構想計畫需要下，被遷移到西南地區各省，如湖南、江西、廣東、廣西、貴州、雲南等省，甚至到達中國鄰近之越南、寮國、緬甸、泰國、柬埔寨、印度等國。後來又因東南亞地區部分國家，紛紛發生排華浪潮，在此不得已情況下，許多瑤族同胞，再次被迫遠渡重洋，遷移至太平洋對岸的美國、加拿大、墨西哥、巴西等美洲國家，甚至遠到大西洋對岸的法國，瑞典等歐洲國家，以及大洋洲的澳大利亞與紐西蘭等國家，成為一個名符其實的跨國性族群。所謂造化弄人，瑤族同胞，對於族群的生存發展趨勢，及所面臨的遭遇和變化，任何人都難以預料。對於族群命運的掌控，誰都沒有把握，也無法加以改變，只能聽天由命，隨機應變，不管最後結局如何，只能隨遇而安。

## 族群分佈

瑤族同胞，就分佈區域而言，除了上述介紹之各國外，僅就分佈在中國境內來說，原則上，絕大多數以廣西省、湖南省、廣東省、雲南省、貴州省、江西省等區域為主，以下僅就雲南省境內之分佈情況，進一步向讀者加以說明。文山壯族苗族自治州、思矛地區、紅河哈尼族彝族自治州、西雙版納傣族自治州、金平苗族彝族瑤族自治縣、河口瑤族自治縣等，也都有他（她）們族群的足跡。

## 族群人口

瑤族同胞，在族群人口數量上，根據Google全球網路資訊統計，目前已經超過三百餘萬人，其中以居住在中國境內之人數為最多，共計約有二百六十三萬人，至於分佈地區計有，廣西省約有一百四十七餘萬人，湖南省約有七十餘萬人，廣東省約有二十餘萬人，雲南省約有十九餘萬人，貴州省約有十萬人，江西省約有數萬餘人。散居在海外部分，越南約有六十二萬人，緬甸約有數百人，寮國約有十餘萬人，泰國約有五萬餘人，柬埔寨約有數百人，美國約有二萬餘人，加拿大約有一千餘人，法國約有一千餘人，至於墨西哥、巴西、澳大利亞、紐西蘭、瑞典等國家，其確實人數不詳。

## 族群語言

瑤族同胞，在語言體系上，屬於漢藏語系之瑤族語支系，與畲族、苗族、壯族之間，關係較為密切。在整個族群之中，約有二分之一族群說所謂「免語」，約有五分之二族群說所謂「布努語」，另有部分族群說所謂「拉珈語」。族群支系區分為所謂：籃靛瑤、紅瑤、盤瑤、山子瑤、頂板瑤、花籃瑤、過山瑤、白褲瑤、排瑤、平地瑤、拗瑤、茶山瑤、背蔞瑤等十三個分支族群體系。

## 族群文學

瑤族同胞，在族群傳統文化方面，雖然沒有自己族群的文字，但卻一直流傳至今的，仍然保留下來有關族群的傳說、敘事、故事、寓言、童話、笑話、諺語、謎語等文化遺產，實在讓人感到驚奇。尤其在其族群內部，還訂有一項規矩，確實在有形與無形之中，產生了自我教化的作用。此種族群傳統規矩，基本上，凡年滿十七歲之男孩子，必須經過所謂「度戒」，也就中華傳統文化之中的所謂「成年禮」。在「度戒」儀式中，主持長老將逐條宣讀所謂「十誡」。接受「度戒」之族群男孩子，在經過類似「度戒」儀式之後，必須嚴格遵守十誡的要求：「勿淫、勿盜、勿奸、勿懶、勿貪、勿欺騙、勿縱火、勿虐待、要敬老愛幼、要勤儉持家」等戒訓，做一個對國家、社會、族群有用之人。僅就這一點來說，便是我們其他族群望塵莫及。

## 族群舞蹈

瑤族同胞，在民族舞蹈方面，擁有豐富的文化內涵，可謂種類繁多，花樣精彩，具體而言計有祭祀舞、盤王舞、興郎鐵玖舞、猴鼓舞、藤鼓舞、藤拐舞、開山舞、南瓜舞、採茶舞、豐收舞、牛角舞、蘆笙舞、花傘舞、獅舞、獵獸舞、銅鼓舞，長鼓舞、花棍舞、上香舞、求師舞、三元舞、祖公舞、公曹舞、銅鈴舞等，其中銅鼓舞，在瑤族人的心目中，是祖宗與神明所賜給的神聖禮物，敲打起來能夠趕走鳥獸，保證五穀豐收。銅鼓聲猶如一面旗幟，凝聚民族向心與力量，銅鼓懸掛在木架上，族人輪流上場，每次有二男一女合作，男的一人打擊銅鼓，一人打擊皮鼓，女的撐傘或手拿扇子，邊舞邊為鼓手送上涼風，古典鏗鏘，舞姿純樸，風格粗礦，性格彪悍，甚至有人曾經獲得鼓王之雅號，場面相當的雄偉，氣氛非常的熱烈。

## 族群音樂

瑤族同胞，在族群傳統樂器方面，有大長鼓、中長鼓、小長鼓、銅鼓、陶鼓、皮鼓、長笛、蘆笙、琴、瑟、三弦、銅鑼，銅鈸、嗩吶、牛角等多種樂器。在族群傳統歌曲方面，有祭祀歌、盤王歌、信歌、古歌、苦歌、喪歌、山歌、兒歌、情歌、禮儀哥、敬酒歌、敘事歌、舞蹈歌、生產歌、勞動歌、狩獵歌、農事歌、春米歌、挖地歌、過山歌、香哩歌、呦海歌、阿咧歌、散旺歌、大聲歌、蝴蝶歌、拉發歌、香朝歌等，其中盤王歌有二十四種曲譜，歌詞長達三千餘行。長鼓有三十六種打擊法，七十二個動作，的確讓人感到嘆為觀止。

## 族群節慶

瑤族同胞，在節日方面，計有春節、元宵節、清明節、端午節、幹巴節、嘗新節、達努節、耍歌堂節、祝著節、扎巴節、討念節、討寮皈節、半月節、倒稿節、曬衣節、姑娘節、春牛節、趕鳥節、盤王節等節日，其中春節、元宵節、清明節、端午節等四大節日，與漢族相同，另有耍歌堂節、幹巴節、祝著節、扎巴節、嘗新節、討念節、討寮皈節、姑娘節、晒衣節、倒稿節等十個節日，屬於部分地區性質節日，基於普遍性及需要性，不再多作介紹，其餘的如達努節、半月節、趕鳥節、討念節、舞春牛、盤王節等六個節日，簡單扼要介紹如下：

## 達努節

瑤族同胞，之所以舉行「達努節」，基本上，是在提醒族群後代子孫，不要忘記祖宗過去的光榮事蹟，以及英勇奮鬥精神。瑤族紀念此一節日，原則上，每年定於農曆五月二十九日這天舉行。相傳很早以前，原有兩座高山，一座為布洛西山，一座為密洛陀山，兩座高山之間，相距有一里之遠，經過九九五年後，兩山突然靠近，相距僅有五尺左右，不料在五月二十九日這一天，突然晴天霹靂，雷電交加，等一切恢復平靜之後，竟然從布洛西山走出一位男性，從密洛陀山走出一位女性，兩位帥哥美女，最後結成夫妻，並生下三個千金，後來大女兒帶走父親的犂粑，耕田種稻，延續成為現在的壯族。小女兒帶走母親的一抖小米、一面銅鑼，到山裡墾荒，延續成為現在的瑤族。如此加以推斷，瑤族與壯族之間，原本屬於姊妹族。於是瑤族同胞，訂在每年農曆五月二十九日這一天，舉行隆重的紀念活動，表示對祖先的懷念與追思。這就是所謂「達努節」之由來。

## 月半節

瑤族同胞，在「月半節」慶方面，算是族群的一個重要節日。於節日之前，各村寨或部落家戶，已經開始忙碌，準備節慶相關事宜，村寨或部落內外，牛角聲、鑼鼓聲、歡笑聲，此起彼落，好不熱鬧，農曆七月初十這一天，各家戶擺上魚、肉、酒等祭品，祭祀祖宗與神明，七月十五日為節日最後一天，也是最熱鬧的一天，到了傍晚時分，家家戶戶端出最好的美酒佳餚，男女都將盛裝與會，主客歡聚一堂，大家在吃喝之餘，彼此互祝風調雨順，國泰民安，人畜興旺，五穀豐收，人人健康，家家平安。入夜之後將舉行男女對歌、跳舞、飲酒，歡樂直至深夜，在依依不捨情境下，才肯散去。這就是所謂「月半節」之由來。

## 趕鳥節

瑤族同胞，對於此節日又稱之為敬鳥節或歌鳥節，名稱不盡相同，形式卻多樣化。相傳明朝嘉靖年間，江華瑤山地區，突然來了一位仙姑，名叫英姑，愛上瑤族青年李小二，二人終於結成良緣，玉皇大帝得到情報，於二月初一這天，派遣天將下凡捉拿英姑歸案，夫妻二人在前有追兵，後無退路情形下，一起攜手跳下懸岩自盡，後來變成一對鳥兒，雄鳥為鸞，雌鳥為鳳，從此比翼雙飛，永不分離。後人為了感念他（她）們犧牲動人的愛情故事，特在每年二月初一這天，舉行紀念與追思活動。在此節日之前，瑤族家家戶戶作糍粑粑，分給鳥兒吃。他（她）們先將糍粑粑，黏在竹枝上或樹枝上，或插田頭或插在地尾，喂給鳥吃。一邊進行一邊呼喚鳥兒，或是學鳥叫，請鳥來吃。並懇求鳥兒嘴下留情，不再損壞農耕稻作，讓農家稻作豐收，來年再來餵食。此一節日活動，不論晴天或下雨，大家都會風雨無阻，村寨或部落方圓五十里內，族群青年男女全都參加，每人身穿青色寶藍襯白銀邊傳統族群服裝，扎上彩色頭巾，腳穿繡花鞋，撐著青色陽傘，然後雙雙對對，坐在草地上或岩石上，或依偎在茶樹旁或松樹下，對唱情歌或山歌，有二人對唱，有四人對唱，或有一人領唱，其餘眾人合唱，唱到鳥不思歸巢，人不想回家，唱渴了喝清泉，唱餓了吃糍粑粑，直到月落日升，仍然繼續糾纏不清，男送女，女送男，送來送去，沒完沒了，但送君千里，終須一別，在不得已情況下，才肯分散，各自回家休息。這就是所謂「趕鳥節」之有來。

討念節

瑤族同胞，在「討念節」慶活動方面，原則上，訂在每年農曆三月十五日期間舉行，其節日來源，據說是這樣而起的。相傳於清朝康熙年間，滿清軍進入瑤山，由於紀律渙散，上級督軍不管，放縱下屬從事擄掠燒殺案件，甚至發生強姦瑤家婦女行為，幾乎無所不為，給瑤寨帶來生命的危害，財產的損失。此時瑤寨有一位名叫奉姐的姑娘，在忍無可忍情況下，起來登高一呼，號召瑤寨青年，組織反抗武力，由於大家團結一致，萬眾一心，在清軍毫無防備下，展開襲擊行動，終於將清軍趕下山去，奉姐依然不肯就此罷休，繼續乘勝追擊敵人，並燒毀官署與軍營，以報一箭之仇。最後震驚清廷省督，再度派兵進入瑤山圍剿反抗軍，但攻擊行動始終毫無進展。究其原因在於奉姐指揮若定，再因瑤寨地形險要，易守難攻，導致清軍一籌莫展。最後清軍指揮官派了一名喬裝商人的刺客，進入瑤寨做買賣，在反抗軍疏忽情況下，終將奉姐刺傷，在一陣混亂之後，清軍趁勢展開攻擊行動，奉姐雖然帶傷繼續指揮作戰，歷經三個晝夜，結果反抗軍全軍覆沒，奉姐也英勇地為瑤寨犧牲了。後人為了感念奉姐的犧牲精神，每年定期舉行紀念追思活動。這就是所謂「討念節」之由來。

## 舞春牛

瑤族同胞，在「舞春牛」節慶活動方面，原則上，是屬於瑤族的一項重要文藝活動形式，選在春節期間舉行。舞春牛分為三個部分，有迎春牛、耍春牛、送春牛之分。舞春牛由二位年輕男士扮演，他們身穿緊身衣服，扎上黑色綁腿，牛頭用竹子框架製作形成，牛身用青土布製作而成，其動作有牛隻走路、過橋、喝水、搔癢、憤怒等。春牛進入村寨或部落，全體村寨或部落人們，都出來相迎，並燃放鞭炮，敲鑼打鼓，高聲念迎牛詞，春牛進場表演，眾人爭相摸牛眉心，藉機討新年開春大吉大利。送春牛方式也跟迎春牛相同，在眾人在依依不捨中，將春牛送往其他村寨或部落。這就是所謂「舞春牛」的由來。

## 盤王節

瑤族同胞，在紀念盤王節活動方面，基本上，是一個莊嚴而隆重的民族傳統節慶活動，可由家人單獨舉辦，也可聯合數戶舉辦，甚至也可聯合眾人舉辦，不論採取何種方式舉辦，但都訂在十月十六日開始舉行。此一節日必須殺牲，來祭祀祖先，並設宴款待親朋好友。紀念盤王節使用時間，以三天兩夜為原則，最長曾有七天紀錄。盤王節紀念儀式，先邀請四位師公分別擔任，還願師、祭兵師、賞兵師、五穀師，四位助手，四位歌嫂與歌師，四位童男童女，一位長鼓藝人，一個嗩吶樂隊。儀式進行分為兩大部分，第一部分：請聖、排位、上光、招禾、還願、謝聖、除嗩吶樂隊全程演奏外，師公們要跳盤王舞、銅鈴舞、出兵收兵舞、約標舞、祭兵武、捉龜舞。第二部分：請祖宗和族人前來流樂，吟唱族群神話、歷史、政治、經濟、文化、藝術，目的在追念祖先豐功偉業，歌頌祖先英勇奮鬥精神，讓後代子孫永不遺忘，祭祀儀式完成之後，開始宴會，盡情唱歌跳舞，表達對祖先的感謝與敬仰。這就是所謂「盤王節」之由來。

## 族群信仰

瑤族同胞，在宗教信仰方面，屬於複雜化與多元化現象，計有信仰原始自然崇拜者，有祖宗崇拜者，有圖騰崇拜者，有信仰巫教者，也有信仰道教者等，其中以信仰道教者最多，因此，道教對於瑤族有其深遠的影響。瑤族同胞，自古以來，始終篤信狗對其族群的恩惠與貢獻。傳說一、瑤族祖先派遣狗師祖爺前往天庭取回稻種，於是狗祖師爺，趁機在玉皇大帝穀倉內打了個滾，然後帶著身上的稻種返回人間，不料再度過天河時，身上的稻種被水沖走，僅留下在狗祖師爺尾巴上的幾粒稻種，所以現在人們所生產的水稻稻穗，與狗尾巴形狀非常之相似。之後族群每當於稻米收割季節，都會選在農曆六月初六這一天，隆重舉行嚐新節慶，表達對狗祖師爺的感恩與追思。傳說二、古代有兩位大王相爭，彼此戶不相讓，長期僵持不下，其中有一位大王特別下詔，如果有誰能夠將敵對者除掉，並將公主許配為妻，就在某一個夜深人靜的晚上，突然有一膽識過人的狗，潛入勁敵陣營，將敵方大王頭顱咬下，下詔者面對全國軍民，不便反悔，只好忍痛實現承諾，但要求他們必須隱居深山，凱旋歸來的狗英雄帶著公主進入深山，在一處四面環山之地生活，不料，在某個深夜裡，狗英雄突然變成了人，他（她）們終於皇天不負苦心人，結成夫妻，後來發展成為千戶人家，被人們稱之為「千家峒」。這就是「千家峒」之由來。這也就是瑤族愛狗與敬狗的原因，所以他（她）們也禁止族人吃狗肉。

## 族群婚俗

　　瑤族同胞，在婚姻方面，基本上，遵守國家法律制度所規定之一夫一妻制，在同氏之間結為連理關係，必須在五代之外，才被允許，否則是不會被接受的，尤其更不允許本族男女跟外族通婚。瑤族同胞在理論上，家長同意子女自由戀愛，但子女婚姻的最後決定權，仍然操控在父母手中。

　　瑤族同胞，青年男女在談戀愛的時候，原則上，以唱「對歌」方式進行交流活動。所謂「對歌」，是採取唱歌方式，進行問答與交流活動。「對歌」又區分為集體式與分組式兩種方式，一旦參與男女青年雙方都想進一步交往時，便可進行兩人單獨唱「對歌」，此時女方將藉機贈送男方繡花腰帶或掛包，男方也會回贈女方女性專用之銀製飾品，做為見面禮物。不過他（她）們之間，一旦到了情投意合階段，女方會在男方手臂咬上一口，表達愛得深刻，永不變心之意。不過，由此也證明他（她）們是否結成連理，主控權幾乎還是掌握在女方的手中。此時男方家長，會聘請能說會唱者擔任媒人，向女方家長進行提親。男方媒人前往女進行提親，只要攜帶一把菸葉，或一包黃色煙絲，作為見面禮物，女方家長如果同意這門親事，就會收下禮物，不過好事這時還無法下定論，原因是還得進一步為男女雙方排把字，假若把字不合，好事恐怕就此告一段落。如果男女雙方把字沒出問題，男方並可進行下聘，聘禮有酒、有米、有肉、有銀子等，完成定親程序。女方在婚前四個月即不再下田工作，原因是她必須留在家裡，為自己縫製嫁妝。

瑤族同胞，在結婚日之前，女方家裡會張燈結綵，然後以莊嚴儀式，祭祀天地與祖宗，並請長輩以歌唱方式細說祖先業績，及做人處事道理，家族男女老幼邊唱邊喝，徹夜不眠不休，此種儀式與聚會過程，被稱為所謂「盤歌堂」。

瑤族同胞，在結婚日當天，新郎會撐一把雨傘，在媒人及伴郎等人陪同下，前往新娘家中迎親，但迎親團須經過兩個階段折磨，才能進入女方家裡。其一、迎親團須先到女方預為安排的所謂「東家」暫時停留，等到所謂「吉時」才能前往。其二、迎親團到達新娘家之後，仍須先在新娘家門口停留，由男方媒人唱所謂「頌歌」，然後女方媒人唱所謂「回答歌」，直至女方認輸，迎親團才能進門。在新郎進入新娘家之後，先向天地、祖宗、父母、長輩等親人行拜見禮，每位須叩拜十二次，敬酒二次，行完叩拜禮後，新郎並可迎接新娘回家。新娘到達新郎家後，也須先行拜堂禮，拜堂禮儀式與新郎在新娘家所行的叩拜禮差異不大。行完叩拜禮後，喜宴即可開始，喜宴完畢由男方媒人送別親友，並對新人進行所謂孝敬長輩、和睦相處、勤儉持家等「訓誡」一番。男女新婚之夜，新郎和新娘不能同房共眠，原因是在此洞房花燭夜，與新娘一塊前來的同胞姊妹，與知心好友，一起談心，新娘也將藉機告訴陪同者，今後將無法像以往一般和大家相處，希望大家能夠體諒，也期待大家注意保重，能夠早日遇到如意郎君，完成個人的終身大事等。將一連兩夜三天，直到婚後第三天，新娘回過娘家回來之後，新郎才能跟新娘圓房。至於新郎在這兩夜三天裡，究竟是如何度過的呢？新郎也同樣地找同輩親朋好友，到村寨附近談天說地，講故事，唱對歌，跳土風舞，飲酒等狂歡聚會。所以，他（她）們的結婚過程，是很繁瑣，也很累人的，不是一件簡單的事。

## 族群命名

瑤族同胞，在個人命名方面，有乳名與正名之分，另外也有法名。其中乳名之來源，原則上依排行順位、聰穎智慧、敏捷程度，作為考量因素。法名則由度戒道師代取，並將書寫在黃紙上妥為收藏，作為個人的護身符，直至往生之後隨遺體入葬。女性從未出嫁，或因故改嫁者，基本上，不得以靈名列入本族祖先名冊。此種現象，似乎有重男輕女成份存在，不僅對女性是一種歧視，也是一種很不公平的對待。

## 族群社會

瑤族同胞，在社會結構方面，以個人或家庭，作為構成村寨或社會的基本單位，家族中以男性為尊，由男性為家長，如父親不在，由兄長為尊。家族兄弟分產，須在父舅主持下進行，才能另立門戶。女性地位較低，根本無法享受祖先財產之繼承權益。家人用餐女性不能跟男性同桌，女性必須得為男性添飯。女性在家庭生活中，也不能跟父親或兄長言笑，所以是標準的所謂「大男人沙文主義」。

## 族群工藝

瑤族同胞，在工藝技術方面，可謂匠心獨具，技藝超群。就具體的來說，有印染、挑花、刺繡、織錦、竹編、藤鞭、雕刻、繪畫、打造、蠟染，鑄造等各方面精密手工藝品，尤其精於各種銀器，或裝飾用品之製造，因為瑤族的日常用具，都以自制為主，在銀器藝術品，或一般性家具用品，製造加工方面，更是技藝超群，精美無比。不知讀者是否曾經觀賞過他（她）們族群的婦女，全身上下所配戴的裝飾品種類、形狀、圖案等，便能窺其奧妙。瑤族同胞，除了精於竹編與藤編藝術之外，他（她）們也使用馬鬃或馬尾，編織成為網袋或帽子，手藝更是了得，實在不同凡響，普遍受到國內廣大群眾與外國觀光客之喜愛。

## 族群醫療

瑤族同胞，僅就醫術方面來說，並無專業醫生，也無文字記錄，但是他（她）們僅靠祖先世代相傳下來的秘方，延續族群治療病痛的知識與方法。治療族人病痛的藥物，計有動物、植物、礦物製作藥材。他（她）們也會根據「察顏觀色」問診，方法先進特別。他（她）們對於流行性疾病，原則上，使用隔離法來醫治。瑤族婦女同胞，尤其更加擅長於各種疾病之傳統治療方法，他（她）們普遍使用刮痧法、針灸法、針扎法，也使用老薑搓揉法，或食鹽搓揉法，來為病患治療病痛。另在骨折方面，他（她）們的祖先之輩，就已懂得使用夾板固定法與包扎法，來給傷患治療傷痛。他（她）們早已認知到，我們每個人的身體所以會生病，主要原因在於受到環境影響、飲食失衡、勞累過度、房事失調、先天不足、後天失調等，情況與結果所致，以上的觀點，就現代醫學角度而言，句句都是箴言，的確有先見之明。甚至他（她）們早就已經懂得，利用藥物泡澡方法，這種方法除能治療病痛之外，還有美容效果，這可是現代年輕美女們，喜歡享受的養身美容的方法。不過唯一美中不足者，他（她）們所懂的治療方法與經驗，僅靠祖父相傳子孫，代代口耳相傳，並無文獻或紀錄，也未曾對外傳承經驗，所以，無法進一步加以發揚光大，難免讓人感到遺憾與惋惜。

## 族群飲食

瑤族同胞，是一個標準的高山族群，也是一個「靠山吃山，靠水吃水」的族群。他（她）們族群長者一再叮嚀後代子孫，必須遵守「靠山吃山，莫傷其本，靠水吃水，莫損其源」的生活原則，才能保障族群的生存與發展。唯有這樣才能「讓山長綠，讓水常青」，的確是至理名言，值得現代化社會的您我，共同學習借鏡。瑤族在飲食方面，以大米為主食，有時也吃一些玉米、小米、紅薯、芋頭、馬鈴薯等雜糧。瑤族的煮飯方式，原則上，使用吊鍋或鼎鍋，在火爐上燜煮，方式非常特別。瑤族幾乎沒有刻意種植蔬菜的習慣，僅在玉米田裡附帶栽種一些附加價值作物，種類有南瓜、馬鈴薯、紅薯、芋頭、蘿蔔、黃瓜、黃豆、碗豆、青菜、白菜等，如遇有不足情況，他（她）們將以野生蔬菜替代，農閒時也前往山區獵取野豬、山羌、野雞、野鳥、蟲蛹，或前往溪裡撈蝦捕魚，提供家人作為代用副食品。瑤族忌諱吃狗肉、貓肉、蛙肉、蛇肉，或意外死亡與病死動物肉類。瑤族在夾菜方面，也有一項規矩，必須按照菜餚排列順序夾取，不可紊亂。瑤族同胞，原則上，不吃隔夜飯，他（她）們的稻穀，當天吃，當天舂，肉類如果當天吃不完，就得在抹上食鹽之後，將它掛在火塘上方風乾燻烤，作成煙燻臘肉，以備不時之需。瑤族同胞，愛吃辣味食物，喜歡將食物洗淨、細切、加上佐料之後，放入竹筒內將其搗碎，再以涼拌方式來吃，或經過燜熟方式再吃。

瑤族同胞，也喜愛飲茶，茶葉種類有老薑茶、綠茶、藤銀花茶、山渣茶之分。瑤族也愛喝酒，不論男女老少都會喝，也喜歡喝，每當舉行節慶活動，一定少不了酒，所喝的酒類，以米酒、玉米酒、紅薯酒為主，其次有酒釀兌水酒。瑤族男性，也喜歡抽煙，抽煙方式，有使用煙斗或使用水煙筒之分。至於茶葉、酒類、煙草等來源，都以自種、自採、自製、自釀方式獲得，完全不需依靠外地進口。瑤族以使用竹筒，芭蕉葉作為飲食器具，因此，現代化商品如杯、盤、碗、筷、湯匙等，對他（她）們而言，卻是一種生活上的累贅。

## 族群服飾

瑤族同胞，在族群服飾方面，由於族群分支體系較多，各個支系有自己族群的特色，其中部分已經跟隨時代變遷腳步，有所改變，但是仍有部分，繼續保持自己族群的傳統。他（她）們的服裝特色，從頭到腳，都少不了刺繡，也很擅長刺繡，產品具有相當之水準，尤其絕大多數族群女性，幾乎也都擅長刺繡，產品雖然不一定達到外銷標準，但至少是能為自己製作嫁妝的手藝與本領。在服飾穿著方面，瑤族男女兩性之間，差別很大。

女性服飾部分，特別強調花俏與鮮豔。如在上衣削襟、袖口、褲腳管邊緣等處，繡有精美圖案與花紋。髮髻細辮環繞頭頂，頭巾的花色與刺繡圖案，講究精美、大方、出色，頭巾環繞圈數，代表家族身份與財富的象徵，頭巾周圍縫上五色細珠，衣襟的頸部至胸前，繡上鮮花彩紋飾。瑤族女性，對於頭部或頸部之妝扮，也很考究，除在頭巾與上衣之外縫製各種精巧的銀器飾品，作為點綴之外，在頸部喜歡掛上一個銀飾項圈，項圈外有精細雕花、綴環、吊珠，可用「琳瓏細緻、精巧奪目、色彩繽紛」十二字來形容。不過，或許您還不知道，人類雖已進入二十一世紀，但是她們依然沒有穿胸罩的習慣喔！男性喜歡蓄髮盤髻，再用紅布或青布頭巾包住，成為帽子的替代品。上身穿無領對襟長袖襯衫，襯衫之外斜褂白布坎肩，下穿大褲管直筒長褲。年滿十五歲少女，可以換掉小花帽，改包頭帕，顯示已經成熟。年滿十六歲男性，必須經過戒度，表示已到成年之人。

## 族群建築

瑤族同胞，是一個典型的山地族群，在居住房屋建造地點，與建築形狀方面，均有自己族群的特色。以房屋建造地點而言，絕大多數選擇在兩千公尺左右高山地帶，作為族群村寨或部落建造基地。在房屋建築型態部分，基本上，有半邊樓，全樓，四合院之分，但其中絕大部分，還是以低矮且無窗戶之半邊樓為主。所謂半邊樓，是在樓之兩頭附建偏廈，偏廈有雙邊式與單邊式兩種建築型態，也有一邊偏廈，另一邊廂房式建築型態，形狀非常特別，很容易辨識。瑤族村寨或部落戶數，原則上，以三十戶人家為一個村寨或部落，村寨或部落之間，距離約在數十里左右，以利農耕生產。族群的住家與耕地，相距有數里之遠，但在耕地上會再建造一間「田房」，故有所謂「村外村，房外房」之說。至於建造田房的目的，主要可供農忙期間，留在田裡住宿，免去每天來回奔波之苦。另外生產稻作，也可堆放在田房裡儲藏。瑤族房屋建築結構，僅使用土墻、木柱、草頂三種建築材料，是建造房屋的必備三寶。而且每滿三年將重新翻修一次，維持房屋之可用性，確保家人住的安全。瑤族同胞，對於房屋建築基地選擇，非常之慎重，其方法先用刀柄在預定地上挖一小坑，在坑內放置七粒稻穀，一粒在中間，其餘六粒放在周圍，然後蓋上一個碗，點上一支香，等香燃燒完畢，揭開碗蓋查看，如稻穀毫無移動情況，即屬優良吉地，否則只有另作選擇。房屋建造或翻修工程，一旦開始施工，親朋好友與左右鄰居，將會主動前來幫忙，由於人多勢眾，一間居家房屋，以三至五個工作天即可建造完成。房屋內部隔間，基本上，多數為二層三間，中間作為客堂，兩側作為臥房與廚房，樓上作為招待客人住宿，堆放糧食及雜物。靠近客堂旁邊靠門處，設置一座火塘，火塘是家人用餐聚會閒談之處所，也是接待客人之場所，屬於神聖不可侵犯。家禽或家畜，須在住家後方，另建圈養房舍。家戶四周必須種植竹子與果樹，作為家人的保護屏障。新居落成之日，將會舉辦啟用活動，邀請道長誦經及祭祀天地、神明與祖先。親朋好友與左右鄰居，也會攜帶酒肉前來道賀，完成誦經程序與祭祀儀式，眾人才能開始吃喝，吃喝之後隨即展開唱歌跳舞活動，直到深夜才肯散去，場面十分之壯觀，氣氛非常之熱烈。瑤族同胞，住家地點，雖然位在高山地帶，但他（她）們會盡其可能，將遠水引至村寨或部落，然後到達各家戶內，提供家庭主婦使用。至於引水方法，既簡單又易行，他（她）們首先集合眾人，自水源地建造一條溝渠，將遠水引至村寨或部落上方，然後各家戶再用竹管引水回家，其做法是將竹筒破成兩半，挖除中間節梗，接成自來水管，以高架方式，將水直接引至家中，成為簡易自來水。所以在用水取得供應方面，遠比其他山居族群或部落，在技術與方法上，已經居於領先地位，可謂獨領風騷。

## 族群交通

瑤族同胞，在交通方面，由於族群大多居住在高山地區，交通建設不足，交通工具不夠，交通深感不便，所以貨物除了可以依靠騾馬幫助馱運之外，還是依靠個人自己的雙腳，最為可靠。用每個人的頭背肩挑方式。完成貨物運輸工作。他（她）們代代相傳，似乎也習以為常，不會感到辛苦。

## 族群教育

瑤族同胞，在教育方面，由於並無自己族群的文字，再加上許多學齡人口，家居偏遠高山地區，教育資源嚴重不足，所以受教機會，相對受到影響，但在各國政府教育主管部門關注之下，對於未來長遠計畫方面，可望很快獲得改善，早日建立高山地區完善之學童教育體系，只要族群屆齡學童有求學意願，機會與希望仍然是無限的。

## 族群禮俗

瑤族同胞，在喪葬禮俗方面，一旦遇有往生噩耗，屬於正常往生者，又為年長老者，家屬將用火藥槍對空鳴放三響，向村寨或部落鄰居報喪，孝家子孫將逐一向親朋好友跪拜訃告，親朋好友聞訊後，即攜帶米酒與雞隻，前來幫忙料理善後，首先將為往生者沐浴、更衣、理髮，再請道長念經超渡之後，進行入殮、封棺、釘棺等程序。但是封棺釘子，一律限用竹釘。棺木內放置若干層草紙，再用白布蓋住大體，在棺木內須放一個長約一公尺之竹或草製梯子，給往生者作為走上天國的天梯。也須按往生者年齡放入硬幣，一歲一枚，選定吉日出殯。但時間以不超過三日為原則，出殯時間約在上午九時左右，出殯時棺木須在送葬人頭上，經過三次之後才能啟程。棺木下葬之後，先由孝家子孫每人手捧泥土，背向墓穴將泥土放入穴內，然後才開始填土堆墳。吉門老者往生，得由道長誦經，並蓋上三鋤泥土，在蓋泥土過程中，道長須口念：一鋤蓋頭，子孫後代吃不愁。二蓋手，兒女子孫代代有。三蓋腳，金銀財寶用馬馱。然後再依親疏與輩分，每人各蓋一鋤泥土。送葬隊伍回程途中，道長除誦經外，並在途中分段埋下石塊，阻止往生者靈魂回家作祟。送葬者回到家門口，不可立刻進入家裡，須用香麵洗手之後，才能進家。半年之後，子孫需再紮一間五彩冥房，送往墓前燃燒，並以酒肉祭拜往生者，又稱之為「燃靈」。以後每逢年度清明節，應該前往掃墓，表達慎終追遠之意。

## 族群生產

瑤族同胞，在農業生產方面，以種植白色糯米水稻為主，也種植玉米、小米、紅薯、馬鈴薯、芋頭、碗豆、豆角、南瓜、黃瓜、冬瓜、佛手瓜、蘿蔔、青菜、辣椒、青蔥、香菜、芫荽、大蒜、水果、生薑、煙草、棉花等農作物。其次也從事養豬、養雞、養鴨、養牛、養羊、養馬等家畜或家禽等副業。另外也擅長鑄造、打造、織布、刺繡、雕刻、編織、繪畫、陶藝、樂器、手工藝品等經濟事業。不過，基本上，瑤族同胞，在食、衣、住、行、育、樂等民生六大需求方面，他（她）們以自給自足方式獲得較多，縱然不需由外進口，也能過好生活。所以就族群的獨立性格而言，稱得上非常之堅強。

## 族群習俗

瑤族同胞，跟其他族群沒有差異，也有許多特殊生活習俗，簡單扼要介紹如下，供請讀者參考。

第一、瑤族男性「頭頂皇帝大」，不論親疏或任何人，均不可任意觸摸，以免侵犯他（她）們族群的忌諱。

第二、產婦或孕婦，不能在神桌前方停留，神桌上不可放置雜物。家中產婦尚未滿月者，外人不能隨便進入家中。

第三、不論親疏者，不能用腳踩踏火塘，或由火塘上跨過，火塘上的三角架不可移動。

第四、不能坐在門檻上，大門之正前方，不可曬衣服，也不能在家裡吹口哨。

第五、不論親疏者，不能站在墳上，或用腳踩踏墳墓，也不可在墳墓四周炸石塊或挖土方。

第六、嚴禁任何人，砍伐村寨或部落，前後之風水林木，否則將遭人指責。

第七、農曆大年初一，只能在家裡過年，不可前往他人家中拜年，否則遭人議論。

第八、農曆每月初三、初五、初六等日，族群人士以不參與遠遊活動為原則，否則有違風俗習慣。

第九、忌諱吃狗肉、吃貓肉、吃蛇肉、吃蛙肉，或病死，或意外死亡動物的肉品。

# 傈僳族篇

傈僳族同胞，也是中國五十六個民族之一，族群的排名順位，居於第二十五位。其淵源自西藏高原之北部，自唐代才由烏蠻部落分化出來，與彝族及納西族之間關係非常密切。自十二世紀起，先居住雲南省麗江境內金沙江流域，十六世紀中葉之後，因戰爭關係，以及反對土司木氏之極權專制統治，在大頭目括木必率領之下，離開金沙江流域，遷移到西南地區之怒江流域，之後又有部分族群因故繼續南遷，最遠甚至到達緬甸、泰國、寮國、越南等國，所以成為一個跨國性民族。

## 族群氏別

傈僳族同胞，就族群分類而言，計有白傈僳族、黑傈僳族、花傈僳族等三大族系。若以氏族名稱分類而言，計有動物、植物、自然現象等三大類，作為族氏區分的指標，其中以動物區分，計有虎、熊、猴、蛇、羊、雞、鳥、魚、鼠、蜂、蟒等十一種動物。以植物區分，計有竹、菜、蔴、柚、木、梨等六種植物。最後以自然現象來分，僅有唯一的一種：霜。至於族群內如何加以區別，恐怕只有他（她）們自己的族群才能瞭解。

## 族群人口

傈僳族同胞，目前總人口數已經超過一百二十餘萬人，其中住在中國部分，約有七十三餘萬人，住在緬甸部分，約有四十餘萬人，住在泰國部分，約有五萬餘人，住在印度部分，約有六千餘人，至於住在寮國及越南部分，由於缺乏參考資訊，目前究竟人數多少，仍舊不得而知。

## 族群分佈

傈僳族同胞，目前分佈區域，除寮國與越南兩國情況不明之外，至於分佈在中國部分，包括西藏、西康、四川、雲南等四個省區轄內，若以人數較為集中地區而言，西康省部分，如西昌市、冕寧及鹽邊等縣境內。西藏地方部分，如察隅縣境內。四川省部分，如涼山彝族自治州、鹽源、鹽邊、木里、德昌等縣境內。雲南省部分，如昆明市、怒江傈僳族自治州、麗江自治州、迪慶藏族自治州、大理白族自治州、德宏傣族景頗族自治州、保山市、臨滄市、思茅市、楚雄市、盈江等縣境內。分佈在緬甸部分，如克欽邦轄內之葡萄縣、密支那、八莫、撣邦轄內之摩谷、眉苗、昔卜、戶板等縣鎮，以及瓦城市、臘戌市、果敢特別行政區等境內。分佈在泰國部分，如葉豐頌府、清邁府、清萊府等地境內。分佈在印度部分，如阿魯那掐爾邦之昌郎縣境內。

## 族群文字

傈僳族同胞，在族群語言方面，屬於漢藏語系藏緬語族之彝族語文系。自從二十世紀起，即有自己族群的文字多達四種，現在僅剩下兩種，二十世紀初期，在傳教士富能仁協助下，建構更完整之族群的文字，目前各地教會仍在繼續使用中，但不是十分流通，一九五七年改用拉丁字母拼音，充分發揮了運用功能，使族群文字更加精進，族群的文化更加多元，族群的歷史更加詳盡，並得到完整之保存，可以留供後代子孫研究參考。

## 族群曆法

傈僳族同胞，在族群曆法方面，有其特殊的見解與知識，他（她）們早已明瞭地球自轉、星座變化等自然法則，宇宙萬物現象等。傈僳族同胞，根據物種循環變化之中，掌握演變過程中瞭解地球的自然運轉。同時也根據花開時間，來推斷五穀播種的時機，其神秘與深奧之處，的確讓人感到欽佩與敬仰。傈僳族同胞，藉助花開鳥叫，將一年四季的月份，根據生活實際情形區分如下：一月為過年月，二月為蓋房月，三月為花開月，四月為鳥叫月，五月為燒山月，六月為飢餓月，七、八月為採集月，九、十月為收穫月，十一月為煮酒月，十二月為狩獵月。這項曆法與哈尼族的曆法計算方式，十分近似。

## 族群音樂

傈僳族同胞，在音樂素養方面，分為兩個層面來介紹，其中就曲調層面而言，有傳情調、划船調、約玩調、生產調、逃婚調、打獵調、蓋房調、官司調等有七種之多。另就樂器層面而言，有琵琶、二弦、三弦、豎笛、笛子、小豎笛、葫蘆笙、口簧、嗩吶、大鑼、大镲、大鼓、雙管豎琴、簫等有十餘種，對於民族音樂的發展，發揮了很大的貢獻。傈僳族群大多信仰基督教，教會必然會有唱詩班，所以在歌曲演唱方面，應該訓練出許多人才，如果有計畫的發掘培養，在假以若干時日，一定會有不錯的表現。

## 族群舞蹈

傈族同胞，在族群舞蹈方面，或許因受高山氣候之影響，以及缺乏場地之限制，成績並不怎麼亮麗，所以族群舞蹈種類，僅有生產舞、打獵舞、竹竿舞等三種舞蹈，就其種類及數量來看，似乎不夠積極，也很缺乏創意，猶待更加努力，急起直追，迎頭趕上，讓族群在舞蹈發展上，能有更傑出的創意與表現。

## 族群節慶

傈僳族同胞，在族群節慶方面，有嚐新節、闊時節、刀桿節、火把節、收穫節、拉歌節、澡塘會、射弩會等節慶活動項目，僅就其中具有代表性部分，簡單扼要介紹如下：

### 闊時節

傈僳族同胞，在「闊時節」慶方面，是最具有族群代表性的一個節日，原則上十二月初五起至正月初十之間擇日舉行，因為闊時節，就他（她）們的族群來說，具有四種功能，意義非常廣泛。第一祭祀天地，祈求保佑平安。第二祭祀祖宗，祈求賜福子孫。第三祈求火塘上的三角架保護，驅趕妖魔鬼怪。第四祭祀神明，祈求風調雨順，五穀豐收。所以在節慶之前，各家戶都要殺豬宰羊，釀製水酒，製作粑粑，彼此還要餽贈鄰居親朋好友，以求新年豐衣足食。年輕男女必須在村頭寨尾搭蓋彩門與牌樓，準備活動場所。節慶當天各家戶屋內地面，必須鋪上青松葉，門口也要插上一棵松樹，象徵吉祥之家。然後全體盛裝出席村寨或部落祭典活動。祭祀典禮儀式，需由祭師主持，目的在於除舊迎新，首先將一棵松樹栽在草坪中央，松樹上掛弩箭與配戴衣物，松樹下放置一蔞蕎麥，周圍擺放十二小蔞蕎麥，十二罈新酒，象徵一年十二個月，祭師站在正中間，念誦祖宗的歷史與功績，祝福新年吉祥如意。接著帶領十二隊男女青年吹起蘆笙，唱起族歌，跳起族舞。將十二棵小松樹栽在十二蔞匡旁邊，並把十二罈新酒分給眾人喝，最後展開射弩比賽，並準備獎品，誰的成績最好，誰獲得獎品。這就是所謂「闊時節」之由來。

## 刀桿節

傈僳族同胞，在歡度「刀桿節」方面，原則上以農曆二月十七日舉行，為期兩天的節慶活動，第一天進行所謂「下火海」，首先得用栗柴燒成一堆火炭，表演開始由五人小組赤腳圍著火炭跳出跳進，接著在火炭裡赤膊翻滾，再用火炭洗臉，最後拿起經由火炭燒燙過的鐵鍊，相互傳來傳去，表演完畢與會群眾，一起跳舞歡樂。第二天所謂「上刀山」，將三十二把利刀橫綁在兩根高約四丈，粗大栗木柱上，成為梯子形狀，刀面向上，木柱頂端插有一面旗幟及一串鞭炮。在一片鞭炮聲，一陣鑼鼓聲，一陣群眾加油聲中，參加競技者開始往上登梯，誰能順利抵達頂端，取下紅色旗幟與鞭炮，就是勝利者，人數不限，只要有本領，來者不拒。不過，就道教會角度而言，應該能夠獲得某種身分之認定，至於是否頒發證書，就不得而知了。目前在台灣也有類似的活動，不過並非任何人都可報名參加，大多僅限於道教信徒，也就是說，必須具備某種程度的功力，才有資格參加。根據媒體報導，台灣竟然有一位女性道士，完成此項偉大壯舉，實在很不簡單，也不容易，值得給她熱烈掌聲。這就所謂「刀桿節」之由來。

## 澡塘會

傈僳族同胞，每年將定期舉辦「澡塘會」這種族群活動，首先他（她）們在出發之前，將會準備一些吃喝所需用品，睡眠所需被單，換洗所需衣物等，然後舉家前往澡塘會舉辦地點，到達目的地後，選擇一處可以落腳點，立即展開為期三天的澡塘會，在這三天的裡，他（她）們除了吃喝方便與睡眠外，其餘的時間都在澡塘裡消磨時光，因為他（她）們一致認為，可以藉此機會，洗淨身上的罪惡與病痛，確保個人健康。所謂「澡塘會」，事實上，就是我們的所謂「泡溫泉」。由於傈僳族群，原則上，選擇住在高山並有溫泉的地區，所以有機會享受泡溫泉之樂，這或許就是上帝賜給他（她）們族群的恩惠。本班傈僳族戰士，原在緬甸的家鄉，也有天然溫泉可泡。族群澡塘，在形式上，有上池與下池之分，上池專供男性使用，下池專供女性使用。但實際上，兩池相距，僅在咫尺之間，等於沒什麼距離或差異。澡塘會開始，不論男性或女性，全身除了留下一條內褲外，完全光著上身，坦然面對觀眾，毫無任何禁忌，因為大家都袒胸露臂，開誠布公，沒什麼好怕的，就像清朝雍正皇帝對英國來使所說的：「您們英國有的東西，我們大清國也有，您們英國沒有的東西，我們大清國也有，所以沒什麼好說的」，幾乎一切回歸自然一般，如果您想參加，也得放下身段，欣然面對，也藉機展露一下，自己認為最美的身材。否則在台灣，您還沒有這種難得機會，可以展示一番，若您真的敢露，恐怕別人還不敢看，因為他（她）們或許認為您是一個神經病。這就是所謂「澡塘會」之由來。

## 埋情人

傈僳族同胞，「埋情人」活動，定在春節期間的初四或初五之間舉行，實際上，就是一種求偶活動。他（她）們在迎接新年之餘，必然舉行唱歌跳舞活動，在歌舞活動之中，男性便會發掘自己的意中人，如果女方也跟自己來電者，男性會在河川或溪流岸邊，預為挖掘一個沙坑，然後邀請好友知己，共同將意中人抬到目的地，放置在沙坑內，上面鋪蓋一層沙子，此時男方將跪在一旁哀嚎哭泣，表達對失去心中愛人的一種哀痛與追思，然後止哭轉笑，將意中人拉起來抱在懷中，即可完成求愛與定親儀式，從此兩人互許終身，緊接下來的就是完成結婚儀式。這就是所謂「埋情人」之由來。

## 族群信仰

傈僳族同胞，在宗教信仰方面，原本都以信仰萬物有靈者較多，後來因為最早接近西方文化，並受到西方傳教士所影響，於是目前已有許多人，均以信仰基督教或天主教者居多，所以，在他（她）們的村寨或部落內，時常可以看見基督教堂，對於增進族群文明，或多或少發生了潛移默化作用。這樣的結果，又何嘗不是一件好事。傈僳族群，原本沒有自己族群的文字，後來在外國傳教士富能仁之協助下，終於建立自己族群的文字，並使用拉丁字母拼音，對於傳承自己族群歷史，發揚族群文化，產生積極性的催化作用，可謂貢獻良多。

## 族群飲食

傈僳族同胞，在飲食方面，一天三餐都以玉米及蕎麥為其主食，雖然每天吃三餐，但都流行一鍋煮，也就是菜飯都煮在一起。至於玉米材料，則有陰玉米與陽玉米之分。所謂「陰玉米」，就是尚未成熟之嫩玉米。在台灣我們的總舖師，或佛教信徒，將它稱為玉米筍。在西餐或素食製作時，可以經常看得到或吃得到。所謂「陽玉米」，卻是已經成熟之老玉米。在台灣我們的玉米產品，計有玉米粒、玉米醬、玉米粉、玉米花、玉米湯、煮玉米、烤玉米、玉米餅、玉米餅乾等多種食品。但是他（她）們在這方面，跟我們還有一段距離，他（她）們僅有玉米飯、玉米粉、玉米湯、玉米餅、煮玉米、烤玉米、玉米花等數種。在他（她）們的飲宴過程中，絕對少不了有一項共飲活動，也就是主人敬客人的一項禮俗，不論男女，兩人必須供飲一杯酒，他（她）們將這種飲酒方式，稱為所謂「雙邊酒」，或者「同心酒」，或者「合杯酒」，有兩性之間一起共飲，也有異性之間一起共飲，完全打破兩性之間的性別差異關係，排除男女兩性之間的界線，也不問共飲雙方交情如何，接受程度如何，而是他（她）們族群的一種待客方式，充分表達主人待客誠意。這樣的飲酒方式，在台灣雖然也有，但並非經常可以看得到，我們將這種飲酒方式稱為「交杯酒」，只有在男女雙方已經論及婚嫁，或於正式結婚宴席場合，才會出現類似鏡頭，這在傈僳族同胞而言，算是一種交際方式，也是一種文化習俗。一旦有機會遇到，還是入境隨俗，欣然面對，虛心接受，必然成為一位很受歡迎的賓客。

## 族群服飾

傈僳族同胞，在族群服飾方面，有一項特色，他（她）們非常重視頭頂上的裝飾，尤其女性們，頭上所戴的頭巾，總是五顏六色，五彩繽紛，花俏無比，而且一層一層地環繞在頭上，好像在頭上戴了一頂帽子似的。上身穿短襯由數種顏色搭配而成的衣衫，下身穿著由百餘片布料所拼湊而成的長筒裙，他（她）們稱之為百花裙，胸前掛一串白色貝殼項鍊，肩上背一個彩色吊包，腳下穿花色布鞋。男性頭戴青色頭巾，上身穿黑色或青色短襯無領衫，下身穿著黑色或青色長筒褲，腳穿黑色或青色布鞋，左肩右斜方式背上一個箭袋，右肩左斜方式掛一把長刀，手中握有一支弩型武器。這就是傈僳族同胞的裝扮。不過基本上，仍以各族系之認定標準為其考量，例如白傈僳族，穿著白色服裝，黑傈僳族，穿著黑色服裝，花傈僳族，穿著花色服裝為原則。循此原則來辨識他（她）們，絕對錯不了的。另外傈僳族群，身上所穿的衣服，係由村寨或部落女性，親手製造而來，她們使用蕁麻做為材料，經由種麻，採麻、撕麻、煮麻、洗麻、曬麻、紡麻、織布、裁剪、縫製等過程，完成族群衣服的製造工程，完全屬於自給自足，不需依賴外地進口。

## 族群建築

傈僳族同胞，在住的問題方面，仍以住者有其屋為原則，不論家庭經濟情況如何，都能擁有自己的一個安樂窩，可以安身立命。不過他（她）們建造房屋，卻有以下幾項規矩：第一、房屋建造工程，必須在一日之內完成，否則代表很不吉利。第二、房屋建造時間，必須邀請巫師擇定。第三、房屋造型，一律屬於瓦爪型。第四、參與施工親朋好友招待問題，可視建造者之經濟狀況而定。第五、房屋結構全為竹造樓房，樓上作為住家，樓下供養家禽家畜。第六、房屋四周規劃作為菜園。

傈僳族同胞，之所以喜愛竹造房屋，因竹造房屋具備：簡單、實用、除濕、防獸、涼爽、透氣等多項功能，在我們現代化社會，人們將它稱為「綠建築」，完全符合環保標準。

## 族群交通

傈僳族同胞，在交通建設方面，受到兩大因素之影響，所以建設成效相當有限。第一、他（她）們的族群住在三、四千公尺高山地帶，交通建設很不容易。第二、他她們的族群分佈區域管轄政府，財政資源普遍不足，交通建設受到影響。所以他她們的日常交通工具，除了騾、馬、牛之外，就得依靠自己。或許讀者在媒體報導之中曾經看過，怒江兩岸之間來往者，至今仍舊使用吊鋼絲方式渡河，如果沒有足夠膽量者，還真的無法到達對岸。不過傈僳族群，除了吊掛來往人員之外，甚至還吊掛動物或貨物，得感謝他（她）們突發奇想，發揮天才創意，終於為族群解決，渡河工具之缺乏問題，的確很不簡單。

## 族群教育

傈僳族同胞，在子女教育問題上，也面臨嚴重困難，其原因也有兩項：第一、地區交通建設落後，教育資源非常不足。第二、村寨或部落位在高山地區，教育師資嚴重缺乏。所以，下一代子女的教育問題，普遍受到影響。有少數偏遠村寨或部落，連最基本的國民義務教育，都沒機會可享受得到。

## 族群經濟

傈僳族同胞，在族群傳統經濟方面，原來已有深厚的基礎，尤其在製造業方面，已經有了不錯的成就，也有了相當的水準，的確令人感到驚訝。例如他（她）們在製糖、製鹽、製磚、製瓦、製煙、製藥、製造食用油、製造陶瓷、製造紙張、製造食品、製造手工藝品、釀酒、建築等，均有驚人的表現。

## 族群禁忌

傈僳族群同胞，在平日生活方面，也不例外，跟其他族群一般，有若干禁忌，僅此簡單扼要介紹如下：

第一、不論任何人，不宜在族群家門前、屋後呼「哦」，表示一種不吉祥徵兆。

第二、外人不宜手持拐杖進入屋內。

第三、任何人都不能坐在木櫃上。

第四、任何人不宜揭開木櫃蓋。

第五、外人不能進入主人之內室。
第六、任何人不能將腳放在火塘上或火塘三腳架上。

# 拉祜族篇

拉祜族是中國五十六個民族之一，也是中華民族的一份子。在族群之排名順位上，居於第二十五位，是一個典型的跨國性民族。族群淵源，來自甘肅與青海一帶之古羌人氐族系列，與彝族、哈尼族、傈僳族、納西族、諾基族等族群，有深厚的淵源。

## 族群分類

拉祜族同胞，在族群分類方面，包含兩個層面，如以系別層面來分，有拉祜納、拉祜西、拉祜普、拉祜尼之分，若以語言層面來分，屬於漢藏語系緬語族彝語文，其中又有拉祜納語與拉祜西語之分，目前四大族群所使用的語言，原則上，是以拉祜納語及拉祜西語等兩種語言，為族群之間的共通語言，但是以使用拉祜納語人數最多。

## 族群分佈

拉祜族同胞，目前分佈國家或地區，涵蓋中國、緬甸、泰國、寮國、越南等國。至於分佈在中國部分，以雲南省境內最多，詳細分佈地區，計有瀾滄、孟連、雙江、思茅、臨滄、景谷、玉溪、鎮遠、墨江、元江、耿馬、滄源、金平、紅河哈尼族自治州等縣市或自治州與自治縣。其中超過百分之八十人口，分佈在瀾滄江以西地區。分佈在緬甸部分，則以撣邦境內為主，是緬甸一百三十五個民族之一，官方文書或用語，通稱為「圭族」，目前已經成立政黨組織，實力不容忽視。分佈在泰國部分，則以北部之萊豐頌府、清萊府、清邁府等地區為主，官方文書或用語，通稱為「拉祜族」。分佈在寮國部分，則以北部地區為主，官方文書或用語，通稱為「圭族」。分佈在越南部分，則以北部地區為主，在越南已列為五十四個民族之一，官方文書或用語，通稱為「苦聰族」。

## 族群人口

拉祜族同胞，目前總人口數，估計將近九十萬人，其中居住中國境內的人口數，將近四十六萬人，居住緬甸境內的人口數，將近二十五萬人，居住泰國境內的人口數，將近一萬人，居住寮國境內的人口數，約有將近兩萬人，居住越南境內的人口數，將近一萬人。

## 族群信仰

拉祜族同胞，在宗教信仰方面，他（她）們一致認為在自然界，確實有一股神秘力量，在主導宇宙萬物，這股力量進一步轉化成為一個精靈，這個精靈是我們人類看不見，也摸不著的，但祂確實存在於天地、日月、星辰、山水、萬物之間，甚至人類身體或心靈深處，祂有能力控制天地循環，氣候好壞，穀物生長，人畜安康等，都與精靈有密切的關係。所以他（她）們敬畏精靈，崇拜自然，相信神明。

## 族群文學

拉祜族同胞，在族群歷史文學方面，一直依靠口頭文學，來傳承民族歷史文化，其中有神話、敘事、傳說、故事、情歌、風俗歌謠、謎語、諺語、敘述人類起源、族群來源、遷移原因及過程等，讓後代的子孫能夠有機會，認識自己祖宗的歷史與功績。自一九五七年開始，已經創建自己族群的文字，使用拉丁字母拼音。相信未來對族群歷史文化的紀錄與傳承，將可產生積極的作用與貢獻。不過，住在偏遠山區村寨或部落的族群，至今仍有許多人，處於文盲狀態，猶待各國政府與族群之內的學者專家與精英份子，多費一點心力，協助推動與補強。

## 族群音樂

拉祜族同胞，在族群樂器方面，計有蘆笙、巴烏、口弦、三弦、大鼓、長鼓、中鼓、鑼、蕭、笛等多種傳統樂器。以供在族群之祭祀，或婚喪喜慶時，可以作為伴奏樂器之外，也可單獨或合作演奏，引導歌者舞者之演出。

## 族群舞蹈

拉祜族同胞，在族群舞蹈方面，計有祭祀舞、蘆笙舞、孔雀舞、生產舞、生活舞、三步舞、六步舞、三弦舞、擺舞等數種族群傳統舞蹈。基本上，可以配合族群祭祀，或婚喪喜慶時舞動或做娛樂性表演，帶動現場熱鬧氣氛。

## 族群婚俗

拉祜族同胞，在族群婚姻方面，遵守一夫一妻制度規定，但是子女可以自由戀愛，凡是男女雙方年齡相近，情投意合，除有血緣關係外，不受輩分之限制。男女年滿十五六歲，便可參與族群聚會活動，但是一旦互許終身，仍須由家長出面提親才行。提親過程也很簡單，男方須情媒人攜帶二至四對松鼠乾巴，及一公斤米酒，前往女方家裡提親，女方家長若同意，即收下禮物。接下來男方須再送上聘禮，並商討成婚方式，也就在男女雙方成婚之後，可以從夫居住，也可隨妻居住，如選擇隨妻居住，男方身分與地位，與女方兄弟相同，不受任何歧視。隨妻居住滿三年後，男方可以帶妻子回歸自己原來的家，或自立門戶。如果女方從夫居住，在婚後第一個春節，男方不論殺豬或打到獵物，須將豬或獵物的一條腿，贈送給大舅爺，之後連續三年每年也要將豬頸肉，及四塊粑粑贈送大舅爺，表示不忘岳家。舅爺接過禮物後，也須回贈六公斤米酒，表達謝意。

拉祜族群在婚俗流程部分，一般而言，計有下列四項：第一、結婚當天男方須殺一頭豬，由新郎將豬頭送至岳家，岳家再將豬頭一分為二，一半留下來，一半由新郎帶回，表示兩家情同骨肉。第二、新郎新娘一起上山砍柴，一起下溪挑水，表示同甘共苦，夫唱婦隨。第三、新郎新娘須殺一隻雞，煮一鍋雞肉稀飯，先送至岳家請雙親品嚐，再返回家裡孝敬父母，表達孝心，然後眾親友才能開始喜宴，在喜宴之餘，總是需要歌舞來增加熱鬧氣氛。第四、眾人展開一連串鬧新房活動，項目包括：眾親好友請新娘為新郎洗腳，表示夫妻恩愛。眾親好友向新娘討喜糖吃、討喜酒喝、討喜煙抽，表示分享喜悅。眾親好友請新娘為眾人表演餘興節目，招待親友，展示才藝，娛樂觀眾。

拉祜族群夫妻離婚者，提出要求的人，必須受罰三十三銀兩，現在罰款可以折合現行貨幣計算。夫妻婚前所生子女，老大歸由男方監護，幼兒可跟隨女方，妻子另行改嫁，除要回饋婆家六至八元身價費外，新婚夫也須支付給原來婆家一定額度的身價費。

孩子乳名，原則上，以孩子滿月之後，第一位來訪客人作為取名依據，上學之後，學名則由啟蒙老師代取。所以，在拉祜族群村寨或部落，擔任教師職務，須有得為新生取名的心理準備，責任可真是神聖而又偉大。

## 族群節慶

拉祜族同胞，在族群節日方面，有春節、擴塔節、端午節、嘗新節、火把節、新米節、祭祖節、卡臘節、搭橋節、葫蘆節等多種節日。其中部分節日如春節、端午節、與漢族過春節很近似。嚐新節與新米節，與哈尼族、瑤族、景頗族、傈僳族很近似，在此不另作介紹。

首先就他（她）們過春節方面，與漢族之春節比較，唯一的差異，在於他（她）們的族群，在過春節，或歡度葫蘆節，兩大節慶期間，將舉辦一連串的打陀螺、射弩、盪鞦韆、跳蘆笙舞、擺舞、三步舞等比賽，優勝者將可獲得獎品。而我們漢族，尤其目前在台灣，除有守夜迎接新年的跨年活動外，將有旅行等數十種歡樂活動，好生幸福啊。

其次在搶新水活動方面，在農曆過年初一凌晨聽到雞鳴聲，村寨或部落青年男士，將攜帶竹筒與葫蘆等裝水用具，前往泉水坑取回新鮮泉水，回家祭祀祖先，表達不忘祖先，並提供長者洗臉，祝福健康長壽。誰能搶得先機，代表未來一年家人平安，五穀豐收。

再次就盪鞦韆方面，族群在春節期間所搭建的鞦韆，是屬於臨時搭蓋者，過年之後仍需留在原地，等屆滿三十七天，才由家中無子女者負責拆除，這是一種傳統習俗。

最後來談葫蘆方面，拉祜族同胞，是以葫蘆為中心的族群，他（她）們一直認為自己的族群，是由葫蘆所衍生而來，因此拉祜族群以葫蘆作為標誌。他（她）們用來裝酒、裝水、裝火藥、水瓢、容器、樂器（葫蘆笙），都用葫蘆製作而成。所以，在族群日常生活上，幾乎離不開葫蘆。拉祜族村寨或部落中心之大公房，造型就是一個典型的葫蘆。

## 族群飲食

拉祜族同胞，在飲食方面，也是日食三餐，並以米飯為主食，但是住在偏遠山區村寨或部落族群，依然以玉米為其主食，其次也有甘藷、豆類、蕎麥、芋頭、小米、高粱等搭配來吃。拉祜族群的最佳美食，非雞肉稀飯莫屬，除了是族群過年過節必備佳餚，也是招待貴賓的上等料理，如果家庭經濟情況不是很好的話，平日可是很難吃得到的。另外就是松鼠乾巴，對他（她）們的族群來說，也算是一種肉類替代品，他（她）們不論於祭祀時，都必然以松鼠乾巴作為祭品，提親必然使用松鼠乾巴當作禮物。拉祜族群雖然日子過得十分艱苦，但是他（她）們既不吃隔夜米，也不吃隔夜飯，食米現吃現舂，飯現吃現燒，其中以竹筒飯最受大家的歡迎。至於配菜方面，他（她）們不愛花費太多時間種植蔬菜，而是喜歡前往山中尋找野菜，或攜帶傳統式火藥槍，入山尋找野生獵物，因為在深山裡各種野生動物，幾乎應有盡有，根本用之不盡，取之不竭，在個人記憶中，他（她）們的槍法，可是很準的喔，每次出擊總是得到滿意收穫。事實上，他（她）們那種優遊自在的生活方式，就以今天我們文明社會，大家整天吵鬧不休，混亂不停，爭鬥不斷的生活現象，其實也很令人羨慕，能過那種無憂無慮，與世無爭的生活，感覺真好！

## 族群服飾

拉祜族同胞，在服飾穿著方面，不論男女老少，都以黑色為主，難過緬甸華人稱他（她）們裸黑族，可能是因他（她）們喜歡穿黑色服裝的緣故？首先就男性服飾部分，以黑色對襟、直領、短式櫬衫，黑色寬大直筒長褲，頭戴黑色或青色多層次布巾，腳穿傳統布鞋或草鞋。又右肩左斜方式佩帶長刀一把，以左肩右斜方式帶一個掛包，手持傳統式火藥槍，這就是標準的男性裝扮。其次就女性服飾方面，頭戴彩色繡花多層次布料頭巾，上身穿黑色或青色、開襟、無領、分衩、滾邊襯衫，胸前掛上一串貝殼，或銀製項鍊，下身穿直筒黑色或青色滾邊長褲，腳穿衣雙黑色或繡花鞋，身上掛一個彩色繡花吊包，這就他（她）們族群女性的標準裝扮。至於年長者或兒同，則清一色黑色穿著服裝。族群服飾材料，全都屬於自種、自採、自紡、自染、自織、自逢，不需依靠外來進口，也可滿足族群的穿衣需求。

## 族群建築

拉祜族同胞，在住家房屋建築方面，一律屬於茅草型房屋，既簡單，又經濟，不過他（她）們的建築物，除了各家戶自用住宅外，還有公有公共財產，即所謂「大公房」、教堂、牛棚等公有公共設施，其中大公房造型，簡直就是一個平躺式大葫蘆，建築在村寨或部落之中心點，是族群聚會活動的文化中心。家族的建造基地，多以背山方式建造，也就是一面靠山，一面下坡，所以他（她）們的房屋，總有陰暗、狹窄、潮濕等三大特色。建造房屋使用原木、竹子、茅草、藤條等四類建材，完全取自山中，不需任何花費，施工全都靠親朋好友與左右鄰居幫忙完成，只在新屋落成之日，以酒菜招待大家，表示慶祝之外，並對幫忙者，表達感激之意。拉祜族群建造房屋，選擇基地是以滾蛋來決定，其作法將雞蛋放在地上，將它滾動，雞蛋停止處，就是建造新屋地點。房屋建造時間，需請巫師卜卦。家裡一旦有往生者，可以就近埋葬，原有房屋放一把火將它給燒毀，家人必須另行擇地點建造新屋。

## 族群交通

拉祜族同胞，在交通建設方面，可用「落後」兩字來形容，也不算過分，當然，原因在於他（她）們地處偏遠山區，加上各國政府資源不夠分配，偏遠地區建設人才缺乏，以致拉祜族群的交通建設，依然原地踏步，裹足不前。時至至今他（她）們的交通問題，仍舊無解。可以提供族群使用的交通工具，僅有騾馬駝運之外，還有人挑，所以個人自己的雙腳，才是最可靠又實用交通工具。

## 族群教育

拉祜族同胞，在族群教育方面，也是很落後，雖然他（她）們已有自己族群的文字，但在偏遠村寨或部落，仍有許多人還是處於文盲狀態，主要因地處偏遠，教育資源不足，教育師資缺乏，族群上學意願不高，導致族群無法跟上時代腳步，猶待族群之中的學者專家或菁英份子，出錢出力大力支持幫助，族群才會有光明燦爛的未來。

## 族群習俗

拉祜族同胞，在族群傳統習俗方面，簡單扼要介紹如下，供請讀者參考。

第一、祭祀祭祖敬神或招待客人，必須煮一鍋雞肉稀飯，才夠誠意。若使用白雞來燒稀飯招待客人，代表即將與對方斷絕交往關係。

第二、用餐取飯以長者為優先，其次再依輩分與年齡為之。婦女背孩子時，不能自己取飯。

第三、屋內家具有固定擺放位置，不能隨便更動，也不能隨便亂丟。

第四、男女都喜歡剃光頭，除清洗容易之外，也是一種另類美感的展現。

第五、兒媳不能跟兄弟有染，不能跟公公、兄長同桌用餐，也不能進入公公、兄長臥房。

第六、族群年輕女性，不能在客人或長輩面前，任意取下頭上所戴頭巾。

第七、花色馬或雜色馬，都是「神馬」，布穀鳥是「天鳥」，禿尾蛇是「神龍」，族群必須盡力保護，不能任意傷害。

第八、家中有人往生，須以鳴槍報喪，在一定期間內，喪家親人不可進入別人家裡。

第九、祭祀亡者所用的豬、雞，須用棍棒打死才行，祭祀過的肉品僅能招待年長者享用，其他人不能吃。

# 漢族篇

漢族孕育於黃河流域，成長於中原，茁壯於華夏，不僅是正統的炎黃子孫，也是中華民族的主體族群。擁有五千年的民族歷史，博大精深的民族文化，堅忍不拔的民族精神，能屈能伸的民族性格，自私保守的民族作風，消極無為的民族態度，的確高深莫測，讓人無法揣摩。

漢族究竟有多少人？總人口數，根據中共官方二〇一〇年統計數據，已達十二億二千二百五十九萬九千三百人，占中華民族總人口數百分之九十一點一五。這個數目實在太大，我們無法加以體會。現在由筆者打一個比方，驗證一下漢族的人口數據。例如一個剛出生的小嬰兒，從降生的那一刻開始，漢族就以五人一排隊形，由他的前面走過，直到他享壽百歲，漢族的隊伍還沒有走完，僅就這樣的比喻，已經會讓人嚇了一跳，可想而知漢族人數究竟有多少。

筆者對於漢族所謂「個人自掃門前雪，休管他人瓦上霜」、「多做多錯，少做少錯，不做不錯」、「多一事不如少一事，少一事不如沒有事」、「大事化小，小事化無」、「兵來將擋，水來土掩」、「天垮下來，有高個頂」、「船到橋頭自然直」、「沒關係、不要緊，差不多、不一定」等似是而非的態度，避重就輕的觀念，不負責任的想法，實在不能認同。甚至有少數人，心中「只有自己，沒有別人，只有家族，沒有社會，只有族群，沒有國家，毫無民主素養，沒有法治觀念」的確無法接受。

所謂民主政治，就是數人頭的政治，少數服從多數，多數尊重少數，但以現在的立法院而言，執政的國民黨委員，人數佔有絕對優勢，可是法案依舊無法順利通過？這是什麼樣的社會？真是天大笑話！

漢族懂得發明火藥，卻不會製造槍炮，懂得燃放鞭炮，卻不會製造火箭，懂得製造遙控飛機，卻不會製造真的飛機，肯花費時間與巨款，建造萬里長城，卻不知道研發新式武器，訓練強大軍隊，還真讓人不敢領教，也不敢恭維，漢族人數雖多，猶如一盤散沙，不講團結，不肯合作。三國時期的諸葛亮在前線征戰，後方有人懷疑他將稱王。宋朝的岳飛在前線精忠報國，明朝的戚繼光在前線奮戰，朝廷有人扯他們後腿。明朝吳三桂在國家面臨危難之際，竟然引清軍入關，加速自己王朝之滅亡。

國軍在前線抗日作戰，殺得屍橫遍野，血流成河，中共基於一黨之私，竟在後方鬧革命搞造反，目的在趁機坐大，實在太不厚道。在中國八年抗戰之中，國軍經歷過大型會戰二十二次，大型戰鬥一千一百一十七次，小型戰鬥三萬八千九百三十一次，傷亡官兵三百二十二萬人，其中陣亡者一百三十二萬人，包含上將八人，中將四十一人，少將七十一人，如果包括陣亡之後追贈者在內，總計將領為國捐軀人數超過二百餘位，這是何等令人感傷的一件憾事。空軍傷亡官兵六千一百六十四人，其中陣亡者四千三百六十一人，損失戰機總計二千四百六十八架，海軍則是全軍覆沒。最後中共竟然敢稱，抗日戰爭是他們打的，這種否定事實，扭曲歷史的謊言，簡直是自欺欺人，太不負責任。漢奸汪精衛，被稱為中國第一美男子，外表英俊瀟灑，但他內心卻是骯髒與醜陋的，他既貪生怕死，又賣國求榮等，永遠成為中華民族的歷史罪人。李彌在異域壯大，台灣有人懷疑他將組第三勢力，將他招回台灣，竟然變成「來得，去不得」，就此終老台灣，埋骨台灣，結束他轟轟烈烈的一生。這些血淚般的歷史教訓，證明了漢族人數雖多，只不過是一群烏合之眾，發揮不了多大的作用，結果先敗給蒙族，再敗給滿族，沒有文成公主的犧牲，恐怕還會敗給藏族！直到今天，國家依然處在分裂狀態，原因在於漢族一向唯我獨尊，嫉妒他人，狂妄自大，坐井觀天，投機取巧，坐享其成，倚老賣老，故步自封。甚至搞幫派、靠關係、走後門、鑽漏洞、占便宜。根本不求務實，不講原則。總是愛玩明爭暗鬥，勾心鬥角把戲，誰也不服誰，誰也不鳥誰。今天社會一致指責軍公教人員，甚至被批評得一無是處，體無完膚，可是大家只想當老闆，賺大錢，享受好的生活，卻沒人願意加入國軍行列，以致政府推動募兵制，竟然招不到兵源，您看奇怪不奇怪。

根據電影演描述，遠在三國時代，當時軍隊的武器裝備，已有相當水準，甚至還很先進。明朝永樂年間，鄭和七下西洋，船艦數量多達兩百四十艘，官兵人數多達兩萬七千四百人之眾，訪問國家多達三十餘個，是世界海權實力最強大的國家，也是全球第一個擁有海軍陸戰隊的國家，所到之處，各國紛紛稱臣，就連當年維多利亞女王時代，所謂日不落國的英國，也望塵莫及！可是到了清朝，反而如逆水行舟，不進反退，差點走到亡國滅種地步，的確不可思議！問題究竟出在那裡？探討原因在於，漢族老愛裝神弄鬼，故弄玄虛，說什麼獨家經驗，祖傳秘方，天機不可洩漏，秘方不可外傳，以致全部的發明、創造、經驗、技術，既未留下隻字片紙，也未留下任何樣品，留給後人參考，最後紛紛失傳，讓後代子孫們，盲人騎瞎馬，只能摸索前進。真是悲哀！也很無奈！

所以，與漢族有關的事項，應該不用多費唇舌，以免浪費寶貴時間。本班唯一的漢族戰士，係來自果敢特區的華人，所以筆者將以緬甸撣邦果敢特別行政區內「果敢族」作為介紹對象，希望讀者有機會認識到，緬甸撣邦果敢特區華人的過去與現在。

## 果敢歷史

所謂「果敢」，代表果斷與勇敢之意。根據Google全球網路資訊、維基自由百科全書，果敢地區的華人，係於明朝末年，追隨永歷皇帝朱由榔流亡進入緬甸，直到清朝順治皇帝年間，才由漢族叛將吳三桂，率領十餘萬大軍，進入緬甸將朱由榔押解回國，最後被吳逼死在昆明市五華山西麓，華山西路北段之陡坡，後人將此坡稱為「逼死坡」。

當時追隨明朝永歷皇帝朱由榔，進入緬甸的部屬，仍願繼續留在當地謀生，於是在一八四〇年間，朝廷冊封其中的楊獻才，為世襲土司縣令，負責治理果敢。一八九七年間，中國因為鴉片戰爭失利，又將果敢治理權，劃歸英國殖民地，英國對於原由中國政府冊封的土司，予以維持現狀，繼續治理果敢。一八五九年緬甸聯邦實行社會主義政策，採取軍事專制統治，推行改土歸流政策，廢止世襲土司制度，引發果敢人民激烈反彈，造成動盪不安。一九八九年間，聯邦政府與特區自治政府之間，簽訂停戰協議，成立撣邦第一特別行政區。並任命彭家聲出任特區首任主席職務，直至二〇〇九年去職為止，彭在職期間長達二十餘年之久。

## 果敢人口

緬甸華人數約有兩百萬人，果敢特別行政區，境內常駐人口數，約有十五餘萬，暫住人口數，約有三萬人，族群結構，除漢族外，尚有撣族佤族、崩龍族、苗族、傈僳族、白族、克欽族，其中漢族人口數約占百分之八十七。

## 果敢組織

果敢特別行政區，首府為老街市，下轄五個二級行政區，分別為紅星區、興旺區、東山區、西山區、清水區。二十個鄉鎮，兩百六十三個村。特區內部機關組織健全完善，施政作為強調，高效、熱情、誠信、創新。

## 果敢地理

果敢特別行政區，位於中國雲南省臨滄市鎮康縣以南，形狀猶如雲南向外延伸的一個半島，境內共有三個盆地（果敢稱為霸子），總面積有兩二千零六十平方公里，相當於三個台北市一般大。海拔高度一千兩百一十六公尺，平均溫度十六點八度，平均雨量一千六百七十四毫米。

## 果敢教育

果敢特別行政區，計有華文中小學校兩百餘所，在學生約兩萬餘人。但是依照緬甸聯邦政府規定，各級學校在校生，每周必須接受三至四小時緬文教學課程，以加深對緬甸歷史文化的學習與認同。讓人很奇怪的是，果敢特區的學校教材，大多屬於台灣及中南半島各國家或地區，華人社會免費提供，但是所需師資人才，卻都聘請中國大陸教師擔任。

## 果敢語言

果敢特別行政區，境內居民共同使用語言，以華語為主，緬甸語次之，再其次也使用撣族語、佤族語、崩龍語、傈僳語、苗族語、白族語、克欽語等少數民族語言。

## 果敢節慶

果敢特別行政區，居民仍然根據漢族之傳統習俗，歡度各種節日慶典，計有獨立紀念日、春節、農民節、元宵節、聯邦紀念日、緬甸新年、乾旱慶祝日、潑水節、清明節、端午節、勞動節、中元節、抗戰勝利日、中秋節、烈士紀念日、火把節、點燈節、聖誕節等。其中又以華人的春節，撣族的潑水節，最為熱鬧。

## 果敢飲食

果敢特別行政區，在族群飲食方面，基本上，以雲南、四川、貴州、湖南菜為主、以廣東、福建、緬甸菜為輔，但其中的口味卻以酸、辣、辛者較多，如果客人進入店內，事先沒有告知店家，很可能每盤菜都有辣椒成分。果敢族群，在食品製作部分，其他地區華人會做的食物種類，他（她）們也都會做，但是我們不會做的，如肉類的牛乾巴、煙豬肝、豆類的豌豆粉。菜類醃酸菜、醃黃瓜等。乳類的煉乳、乳扇。米類的米線、米乾、粑粑絲，可是他（她）們獨有的食物種類。不過一旦您前往那裡觀光，跟在台灣所吃到的滇、緬、泰等料理，似乎沒有太大差別。

## 果敢服飾

果敢特別行政區，在族群服飾方面，原本以唐代服裝為其主流，直至今日他（她）們特區的領導人，還是以穿著唐衫會見賓客，或招待外賓，或主持軍禮，甚至舉行閱兵分列式。證明他（她）們始終念念不忘，祖先所留下來的穿衣文化。不過，現因時代已經改變，族群也有所更動，服裝款式也起了變化，又因其他族群的遷入，以致年輕人的服飾種類與款式，紛紛出現在街頭巷尾，形成多國度，多族群，多款式的服裝樣貌。

## 果敢建築

果敢特別行政區，所有建築物，在型態上，原本依據漢族傳統建築為主，後來遷入各個不同族群之後，建築物型態，也有所變化，尤其時至今日，又增建了許多新式樓房，形成多元化、多樣化、多款式的建築型態。

## 果敢交通

果敢特別行政區，市區之內除有客運班車外，尚有計程車，連外交通網路，南向可以連接撣邦之滾弄縣，北向可以連接中國大陸之雲南省臨滄市鎮康縣，至於部分偏僻郊區，仍須依賴機車、牛車、馬車、或騾馬馱運。基本上，在交通建設方面，與其他地區比較起來，還算不錯。

## 果敢武裝

果敢特別行政區，擁有五個營的所謂「緬甸民族民主同盟軍」兵力，部隊編制除有一個總指揮部，總部位在昔娥，下設置一個後勤補給單位、一個訓練單位，一個女兵單位，四個步兵營、一個砲兵營之兵力。兵役制度為終身職，縱然退伍還鄉，僅能代表臨時性休息，一旦特區原單位有需要，依然需要重披戰袍。部隊所使用的武器裝備，完全屬於中國製造，各項教育制度，訓練方式，均參考共軍現行制度，就連檢閱部隊及閱兵儀式，也跟中共同屬一個模式，例如「首長問：同志們好！官兵答：首長好！」與「首長說：同志們辛苦了！官兵答：為人民服務！」等，全部抄襲中共，幾乎如出一轍。自八八事件之後，部隊已被納入聯邦邊防軍隊體制，由聯邦政府直接管控。

## 果敢媒體

果敢特別行政區，計有特區電視台、特區廣播電台、特區報、民族報、法制報、特區畫刊、特區雜誌等多種傳播媒體，就新聞自由角度而言，應該算是很開放。

## 果敢經濟

果敢特別行政區，屬於山多雨量少，不利於現代化農業生產，於是原本已種植罌粟為主，在聯邦政府及國際社會壓力下，自從二〇〇二年起，停止種植是項作物，目前已經改為種植旱稻、玉米、蕎麥、馬鈴薯、豌豆、黃瓜、香瓜、甘蔗、橡膠、茶葉、高山蔬果、養殖牲畜等，各項農業生產。另外製造業、手工業、加工業、旅遊業等企業。使用幣制有緬幣、人民幣、袁大頭等。

## 果敢娛樂

果敢特別行政區，在賭博行業與賭博行為方面，都是合法行為，所以該特區的賭博行業，早有西南地區所謂「小澳門」的雅號。誘因該地的賭博行業，因具有合法性與正當性，吸引許多愛好者前往光顧，賭博公司也對贏家進行抽頭，而抽頭所得並非頭家獨占，須與政府機關分享成果，政府機關則不費吹灰之力，便可坐收漁翁之利，是創造三贏的賺錢機會，建議台灣不妨也來實驗一下。

## 果敢治安

果敢特別行政區，政府之下設置有警察機關及派出所，負責轄區內治安之維護工作，遏阻與打擊犯罪行為，一般而言，果敢特區治安狀況良好，主要原因在於法律規範嚴明，量刑尺度較高，例如一般偷搶犯罪者，一旦被抓，輕者處六年以上有期徒刑，重者處以斷手或斷頭等罪刑，因此，很少有人敢挑戰公權力。

## 果敢宗教

果敢特別行政區，在區內建造一座大廟，廟內除供奉觀世音普薩之外，還供奉關公，於是區內居民，每個人必須效法關公的忠義雙全、智勇兼具、勇猛善戰的精神，為了保衛果敢特區民眾，生命與財產安全，將不惜犧牲個人性命，一致為果感奮戰到底。

## 果敢音樂

果敢特別行政區，在族群音樂造詣方面，一直保留漢族固有文化，又因區內遷入多個不同的族群，於是在文化發展上，顯示出多元化，多樣化，其中漢族部分，最流行者，也最普遍者，如三弦、蕭、二胡、鑼、鈸、嗩吶、蘆笙等，其中的三弦最為普遍，幾乎很多男性都會彈奏，使用範圍非常的廣泛。至於在歌曲方面，又以山歌最為流行，而山歌又區分為男女獨唱，男女合唱，或有男女兩性合唱或對唱。至於果敢二胡的演奏水準，可是享譽國際的喲。

## 果敢舞蹈

果敢特別行政區，在族群舞蹈方面，除有各種的民族舞蹈，與現代舞蹈之外，其中最流行者有所謂「打歌」文化。這種打歌文化，與營火晚會很近似。演出時有男性團體共同演出部分，也有男女兩性共同演出部分。至於打歌文化如何進行？簡單扼要介紹如下：首先要確定打歌活動日期與時間。其次確定打歌活動地點，必須選擇一處平坦地帶或廣場。其次再預邀一群既會彈三弦，又能打歌的好友，參與演出。最後準備一堆木柴。在打歌日當天晚餐之後，主辦人提前到達現場，首先點燃營火，等打歌隊伍到期之後，大夥圍成一個圓圈，繞著營火展開打歌活動。節目開始之後，先演奏節奏較慢歌曲為主，除供觀眾欣賞外，也讓女性打歌者伺機找尋伴舞對象。再來演奏中度節奏歌曲，女性可伺機靠近打歌男性右側，在不妨礙男伴演奏前提下，兩人以肩並肩方式，展開打歌活動，最後開始演奏快節奏歌曲，此時男性演奏者走在隊伍前方，女性隊伍跟隨在男性隊伍後方，或者從中間插隊，共同展開激烈打歌活動，這時候的打歌活動，場面非常的壯觀，氣氛非常的熱烈，舞步非常之粗獷，是果敢年輕男女，大家一致喜愛的歌舞活動項目。讀者如前往果敢觀光旅遊，不妨跟隨他（她）們一起下海，試一試身手。

## 果敢戰爭

果敢特別行政區，前區政府主席彭家聲，對於特區之進步與繁榮，確有極大的貢獻，唯因在職時間太久，地方勢力逐漸坐大，難免引起他人嫉妒，所以遭人暗算，最後終於被趕下台，逼迫流亡佤邦避難。探究原因不外下列數點：第一、緬甸華人將近三百萬人，但都散居在各個角落，唯有果敢特別行政區，將近百分之八十屬於漢族，緬甸政府難免有所顧忌。第二、彭氏在職時間過長，使年輕新生代沒有出頭機會，阻礙發展前途。第三、彭氏在職期間，難免發生利益衝突。第四、彭氏建立地方武裝力量，造聯邦政府極度不安。第五、彭氏檢閱部隊模式，與閱兵分列式，完全仿效中共，讓聯邦政府感到不滿。第六、特區許多地方牆上所掛的肖像，不是緬甸總統，而是掛彭氏本人，有冒犯上級之嫌。第七、彭氏個人開設工廠，有與民爭利之嫌。第八、緬甸聯邦政府為了贏得二〇一〇年選舉勝利，將藉機廢除彭氏，創造新的政績。二〇〇九年八月八日，聯邦政府以緝毒為藉口，派遣軍隊進入果敢，搜索彭氏家族所經營的工廠，果敢民族民主同盟軍拒絕接受，雙方形成對峙局面，至八月二十七日雙方終於爆發槍戰，經過兩天激戰之後，果敢方面對外發布消息，聲稱擊斃若干名政府軍，也俘擄數十名政府軍，最後終究敵不過政府軍強大攻勢，紛紛敗下陣來，彭氏被逼下台，流亡佤邦避難。結束了二十餘年來在果敢執政的生涯。

果敢特區武裝部隊，納入政府軍建制，受國防部直接指揮調度。此次槍戰結果，不僅導致果敢特區將近百億人民幣損失，引起中美兩大強權關注，呼籲雙方保持冷靜，以和平方式解決問題。日本政府一向拒絕給慰安婦賠償，卻在此一關鍵時刻，竟然大方捐助果敢特區政府七十五萬美金救援，司馬昭之心，路人皆知。其目的不外有三。第一、藉機討好緬甸政府，進一步拉近兩國之間的友好關係。第二、收買果敢華人的民心，爭取果敢政府與人民好感，創造有利商機。第三、有意在中國側門建立經貿據點，達到戰略上圍堵中國的目的。國際媒體，將此次衝突事件，稱為八八事件。

緬甸的現況，政治體制為聯邦總統制，但是目前國家及政府，仍然由軍人統治，行政區劃分別有七個省、七個邦，首都耐比多，總面積六十七萬六千五百七十八平方公里，總人口數六千零三十萬人，有一百三十五個民族所組成。撣邦下轄十個市（縣），兩個特區，總面積十五萬五千八百零一平方公里，人口八百餘萬人，是華僑人數最多的一個邦。

# 細說九族篇

# 特戰
# 部隊篇

所謂「特戰部隊」，乃是一支具有從陸地、海上、空中滲透敵人後方，執行偵查、擾亂、破壞、顛覆、突擊等特種作戰任務的三棲特戰單位。過去東西兩大集團，處於冷戰時期，各個民主國家，基於任務需要，而成立的特種作戰單位。國防部有鑑於中共對台灣的威脅，包括有形的和無形的兩個層面。在有形的方面，如所謂統戰號召，軍事威嚇，外交孤立，經濟利誘，兩岸交流等。在無形的方面，如對我台澎金馬地區，所採取的政治戰、情報戰、思想戰、組織戰等。如製造謠言，擾亂人心；挑撥族群，製造對立；進行破壞，製造不安；實施策反，收買人心；進行暗殺，製造恐怖，全面擾亂台灣的社會秩序，影響台灣的民心士氣，瓦解台灣的戰鬥意志，達到「不戰而屈人之兵」的目的。

針對這項不定時的陰謀詭計，我中華民國台澎金馬地區，必須全面強化自我防衛措施，密切注意共軍特種部隊，對我進行滲透、擾亂、破壞等活動。就是一項值得關注的課題。國安部門及國防單位，不僅要密切關注，對岸共軍部屬的導彈，及軍事動態外，更應積極強化自我防衛計劃及準備，尤其在第一線的軍憲警調單位，更須隨時提高警覺，不讓中共的陰謀詭計，輕易得逞，確保台澎金馬的安定與繁榮。

筆者曾在特種作戰部隊服役多年，不僅完成各項特戰任務訓練，並擁有實戰經驗，瞭解特種作戰部隊的任務與功能，願就有關特種作戰部隊的定義、角色、選拔、編組、任務、貢獻、生存、限制等方面，分別介紹如下，期望成為特種作戰部隊的見證人，特戰官士兵的代言人，除與讀者分享經驗外，也願為國軍特種作戰部隊的存廢關鍵問題，提出個人看法，但願對特種作戰部隊之組建，能夠有所助益。

## 成軍經過

第二次世界大戰結束之後，美俄兩大強權相繼展開核武競賽，形成東西雙方對峙局面，全球陷入緊張氣氛之中，差點又給人類帶來空前的浩劫。西方民主國家陣營，基於冷戰情勢需要，紛紛成立所謂「特種作戰部隊（SPECIAL FORCES）」。其中就美軍方面，陸軍編制有三角洲特種部隊（因在第二次戰世界大期間，曾經與我國軍赴緬遠征軍並肩作戰，與我國軍有深厚淵源，在其隊徽圖案上也有我國國徽），與綠扁帽「特種作戰部隊」，總兵力二萬餘人，司令部設在北卡羅萊納州布拉格堡；海軍編制有海豹特種部隊，兵力約三至四千人之間，原則上，以航空母艦為基地，但海陸兩個軍種可依據任務需要，支援或部屬在全球各國家或地區，將以最快速度，使用有限兵力，從事無限戰爭，美其名所謂「善盡國際義務，維持世界和平」。事實上，成立「特種作戰部隊」，真正目的在爭取區域性之主導地位，扮演大哥角色，維護本國利益。

我中華民國位居自由世界第一線，反共陣營最前哨，肩負阻止共產主義，對外擴張的重責大任，國軍於民國四十七年三月一日，成立「特種作戰部隊」，基地設在臺灣桃園縣內。隊徽設計圖案，有青天白日國徽、傘具、鷹翼、刺刀、閃電、嘉禾等圖案組成，其含意介紹如下：青天白日國徽，代表「特種作戰部隊」誓死效忠國家，保衛中華民國之生存與發展，為全民福祉而戰。鷹翼，代表「特種作戰部隊」機動迅速，反應快速，具備全天候偵搜、打擊、運輸、突擊等作戰能力。刺刀及閃電，代表特種作戰部隊，能夠快如閃電一般，可從空中，地面，海上滲透敵後，進行閃擊制敵戰爭。嘉禾，代表「特種作戰部隊」寓兵於農，執干戈以衛社稷。兩串稻穗，每串有七株稻穗，形成雙七，代表特種作戰部隊，能夠發揚七七抗戰精神，誓死捍衛祖國。其中盾型刺刀，及閃電圖案，目前就自由世界民主國家而言，幾乎同一模式，一致採用，至於國與國之間，或各國單位與單位之間，則用顏色加以區分。

國軍「特種作戰部隊」，第一任司令官為易中將於民國四十七年三月一日上任之後，即向全體特戰官兵提出「冷靜、沈著、堅忍、樂觀」的四大中心要求，這項中心要求，不僅深刻烙印在每位官兵腦海中，也成為特種作戰部隊隊員，一生之中待人處事的座右銘。

國軍特種作戰部隊成立之初，係以總隊、大隊、中隊、分隊、小組為單位番號，各單位隊員，原則上以大陸行政區域編組而成，招收各省來台官兵充任隊員，目的旨在著眼於未來能夠適應任務地區環境，熟習當地方言，便於在敵後生存發展。每一省區或地方，均有一個任務單位編組，每單位有若干隊員編組而成。

筆者於一九六一年回國之後，初期依照回國申報戶籍之籍貫編入雲南隊，後因職缺調整，調至以河南省人人數較多的單位。在河南隊期間，別的不說，僅就每天三餐，吃的全是麵食，如饅頭、燒餅、油條、花捲、蔥油餅、包子、餃子、麵條、鍋貼、烙餅、麵疙瘩、鬆餅、麵包等，讓我們許多來自南方的官兵，大感吃不消。但經過若干時日磨練，也就能夠適應，讓我如今依舊習慣，也喜愛的那種紮實，而又很有口感的老式北方饅頭。

國軍特種作戰部隊，培養了許多響叮噹的知名人物，其中有名的軍事將領，有國安局長、陸軍司令、總政戰部主任等，也都先後擔任過特種作戰部隊司令官職務，無數將校級軍事將領，由於人數眾多，實在不勝枚舉，如有遺漏之處，謹此表達歉意，請眾將軍見諒。演藝界尚有二位名人，如包青天連續劇裡飾演展昭的田先生，當時我們二人都屬同一單位，被譽為笑星或急智歌王，曾經擔任立法委員的張先生。除此之外，還有資深藝人、民歌好手、立法委員、媒體記者、英文教學名師、棒球明星等，也曾在特戰部隊服役過。若就廣義的傘兵角度而言，還有藝人賀先生（原屬聞名中外的陸軍神龍小組高空跳傘隊員）。另外還有登山高手陳仲仁先生等，人才多得不勝枚舉。

國軍特種作戰部隊的主要任務，除可反制中共武力犯台，確保台澎金馬地區的生存發展空間，維護世界安定與和平之外，也隨時準備受命反攻大陸，完成復國的神聖任務。所以國軍特種作戰部隊，榮獲先總統蔣公授與「武漢部隊」之番號。惟因當時國家正處於非常時期，政府採取戒嚴措施，資訊管制較嚴，外界無法了解特種作戰部隊的真相，以及部隊編組狀況。

二〇〇一年發生九一一恐怖攻擊事件之後，美、英特種作戰部隊，於二〇〇二年初紛紛進入阿富汗，執行反恐任務，展開漫長的戰爭，並創造驚人的表現，才得以揭露特種作戰部隊的神秘面紗，給世人留下深刻印象，因此特種作戰部隊的名號，不脛而走紅，所謂「一舉成名天下知」，於是特種作戰部隊的活動訊息，從此成為人們，茶餘飯後討論話題。

目前自由世界各民主國家，其軍隊之中皆有特種作戰部隊之編組，其目的不外有二：其一、對內基於執行反恐任務需要，確有存在必要；其二、對外基於國家利益需要，對外展示國家實力，必要時可派往世界各地，執行作戰任務，進而向國際社會展示本國武裝實力，可謂一舉數得。

## 部隊特性

所謂特種作戰部隊，除全體隊員經過嚴格挑選，並實施專業、精密、嚴格的教育訓練，能夠利用空中、水上、陸地，滲透敵人後方，從事執行目標偵查，情報蒐集，擾亂破壞，顛覆策反等恐怖活動，藉機扶持或組織敵人內部的反抗勢力，使其成為我方打擊敵人的助力，充分發揮裡應外合作用，達到所謂「不戰而屈人之兵」的戰爭目的。簡而言之，即所謂「非正規作戰部隊」，其作戰方式有游擊戰、政治戰、情報戰、組織戰等四種作戰方式。

特種作戰部隊執行任務，所使用之戰法，不受時間與空間之限制，可在平時進行，也可在戰時進行；可在敵前進行，也可在敵後進行；可公開進行，也可秘密進行；可一人單獨進行，也可多人共同進行；可派遣部隊進行，也可動員全國軍民共同進行。所以，戰爭型態，牽涉層面，及所造成影響，幾乎無遠弗屆，充分證明特種作戰部隊，幾乎無所不在，無所不能，無所不有。

國軍特種作戰部隊，就性質而言，也是屬於廣義的傘兵，所以，更具備了快速反應能力之機動打擊部隊，於是我們也唱中華民國傘兵軍歌：「看朵朵的白雲，點點的流星，飄蕩在美麗的大空，我們是三民主義新中國的傘兵。為著民族的生存，國家的和平，我們要結成一群活的長城，向著這個目標前進，嚴守紀律，服從命令，奮勇殺敵，不惜犧牲，我們是三民主義的傘兵，我們是新中國的傘兵！」看了歌詞，就能讓讀者深刻體會到，可是很有詩情畫意的喔。

國軍傘兵部隊在五〇年代，曾經參加東山島戰役，但結果卻讓人感到無比地悲壯與傷痛，當時總兵力，僅有二千餘位官兵的傘兵部隊，奉命派遣一個營的兵力（計有五百餘位官兵）參戰，於一九五三年七月十六日由屏東空軍基地登機，直接空降到東山島戰場上，經過三晝夜的激烈戰鬥之後，僅有少數官兵存活下來，其餘的傘兵健兒均為國捐軀，這是我國傘兵史上，犧牲最多官兵的一次戰役，導致當時的空降司令顧葆裕黯然下台，以示負責。

國軍傘兵部隊，享譽國際的神龍小組，其龍頭人物張輯善上校，擁有三千八百八十七次跳傘紀錄，他於一九五〇年九月間，台北舉行防空演習之際，擔任扮演假想敵，進行高空滲透任務，是我國第一位跳傘降落在總統府前廣場上的傘兵軍官。

美國陸軍傘兵部隊之編制，在目前承平時期，僅有第八十二空降師及第一〇一空降師等兩個傘兵師，其中前者第八十二空降師，臂章上方有「AIR BORNE」英文字，臂章之設計圖樣為紅色正方形，在紅色正方形之中央為藍色圓形，藍色圓形之中央為兩個白色ＡＡ藝術體字，師部基地設在北卡羅萊納州布格拉堡。至於第一〇一空降師，其臂章上方也有「AIR BORNE」英文字，臂章之設計圖樣為黑色盾牌形狀，黑色盾牌之正中央為白色鷹頭，其鷹眼為褐色，鷹嘴為黃色，鷹舌為紅色，師本部基地設在肯塔基州坎貝爾堡。

此兩個空降師，屬於美國陸軍最優良且具備快速反應能力之機動打擊部隊，也是目前最佳的反恐任務部隊主力之一部。第一〇一空降師，兵力員額約一萬餘官兵，在二次大戰期間，於盟軍展開對法國諾曼第登陸之前數小時，奉命空降到德軍後方，藉以發揮裡應外合作用，直到德國戰敗投降，二次世界大戰全面結束為止，該師共計犧牲八千餘位傘兵，更是寫下傘兵可歌可泣的一頁隊史（該師隊歌曲調猶如您我平日團體活動一定得唱的：「團結團結就是力量，團結團結就是力量，團結團結就是力量，團結是力量……。」這究竟是我們學他們的曲調？還是他們學我們的曲調？就不得而知了。尚請讀者自行考證。

海峽對岸的中共解放軍，具備快速反應能力之機動打擊部隊，除陸軍編制有「特種作戰部隊」，據瞭解目前每一軍區有一個大隊之兵力，但其人數不詳（此次中共建國六十週年國慶閱兵行列中，也出現了一個特種部隊方隊）。另空軍編制有第十五空降軍，是空軍地面作戰部隊，又稱之為「空軍陸戰隊」，開創軍隊史上新名詞。

共空軍空降兵，軍本部設在湖北省，下轄有三個空降師，第四十三空降師，師部設在河南省開封；第四十四空降師，師部設在湖北省廣水；第四十五空降師，師部設在湖北省黃陂，每師編制員額約有萬餘人，合計兵力員額將近五萬人。加上陸軍特種部隊，估計兩個軍種之總兵力，官兵人數約有六萬之眾，其實力不容忽視。

# 扮演角色

特種作戰部隊任務，除檯面下的秘密戰爭，即所謂「無形」戰爭，原則上，係由情報人員負責執行，但因情況特殊，也可由「特種部隊」來負責執行，此種戰爭型態，各國一律通稱為「情報戰」。至於半公開式，或公開式，即所謂「有形」戰爭，包括「有限」戰爭，及「局部」戰爭，事實上，均由「特種作戰部隊」來負責執行。

特種作戰部隊，執行任務地區，多以偏遠地帶為主，由於地形特殊，交通不便，情勢複雜，或因政治、外交、經費、國際壓力等因素限制，又因後勤補給工作不易，無法遂行正規作戰，運用特種作戰方式，達成戰爭目的，如美、英兩國進入阿富汗，執行反恐任務戰爭，就是一個典型的例子。所以「特種作戰部隊」，其任務是根據「三分軍事，七分政治」；「三分敵前，七分敵後」；「三分物理，七分心理」；「三分鬥力，七分鬥智」的戰略指導原則，設計而成，部隊性質特殊，能適應各種任務需要。

特種作戰部隊隊員，具備陸、海、空三棲，全方位，超能力，全天候的，扮演重要角色，不論在戰略上，或戰術上，均居於關鍵性地位，是一支能夠即時而迅速應付危機的快速反應部隊。如美、俄兩大超強國，扮演世界警察角色，所屬「特種作戰部隊」，基於捍衛人類安全，維護世界和平任務，三不五時出現在全球各地，雖然弭平無數動亂，但也製造不少紛爭，例如所謂「流氓國家」、「邪惡軸心國家」、「製造恐怖活動國家」、「支持恐怖活動國家」、「贊助恐怖活動國家」等，為今日國際社會，帶來莫大的危機和災難，美、俄兩國，難辭其咎，可謂「自食惡果」。

國軍特種作戰部隊，除在冷戰時期，兩岸於對峙時代，也三不五時空降大陸敵後，執行滲透突擊擾亂破壞等活動，也曾經派往異域擔任游擊隊的教育訓練任務，也曾經派往越南參與執行特種作戰任務。

## 隊員選拔

特種作戰部隊隊員的選拔，由於部隊性質特殊，任務艱鉅，因此，隊員之選拔格外嚴謹，首先選擇對象，必須是職業軍人，並出於自願，絕不可有絲毫勉強，另外尤須健康佳，體能好，且能吃苦耐勞，否則，未來執行艱鉅的特種作戰任務，戰力必然會大打折扣，使國家全面軍事作戰計畫，受到一定程度之影響。其次隊員之遴選，必須具備「勇敢善戰，視死如歸」、「犧牲小我，完成大我」、「不成功，便成仁」的冒險精神，才能「置個人生死於度外」，誓死達成國家與上級長官所交付的神聖任務。

當今不論東西雙方，其武裝部隊之編制，均需要擁有一群全方位、超能力、全天候，允文允武的特戰鬥士，才能完成敵後情報蒐集，或軍事作戰任務，達成國家遠大的戰略目標。因為執行跨國或從事敵後的艱鉅任務，必需依靠專業人才，唯有培養出一群意志堅、素質高、戰力強的專業人才，也就是身分、角色、任務特殊的特種作戰部隊隊員，因為這一群人，一旦國家有緊急需要，他們更可挺身而出，發揮願戰、敢戰、能戰的奮戰精神，誓死達成任務，絕不能有絲毫的畏懼或退縮。所以，美軍特種作戰部隊，隊員選拔條件之一，必須具備兩種以上的外國語言，才能符合資格。

## 部隊編組

特種作戰部隊的編組，不論型態及員額，與一般陸軍野戰部隊，有極大之差異。「特種作戰部隊」之編組型態，基本上以總隊為單位，總隊之下，再區分為團作戰分遣隊（又稱之為大隊，而大隊之中又區分為作戰大隊、突擊大隊、偵查大隊等不同之單位），營作戰分遣隊（又稱之為中隊），連作戰分遣隊（又稱之為分隊）等四種層級編組單位。其中又以連作戰分遣隊（又稱之為分隊）為主幹，每一連分遣隊（分隊）之編組人數，係以任務需要而定。但基本上，隊員人數僅有十餘人，由陸軍各種不同兵科專長之隊員組合而成，除個人已具備原有之兵科與專長，屬於專科人才之外，在分遣隊組合完成之後，又須學習其它兵科之專門知識與技能，促使每一隊員，都成為全方位，超能力的通識人才。

特種作戰部隊，全體隊員，不論處在平時或戰時，碰到任何問題，都有能力加以處理，面臨任何困難，都有辦法加以克服，遇有任何狀況，都有智慧加以應付。若以現代電影主角人物為其代表，應具備以下數位特殊角色人物的本領，如馬蓋先般的超級智慧，席維斯史特龍般的超級能耐，阿諾史瓦辛格般的超級勇猛，史恩康納萊般的超級謀略，湯姆克魯斯般的超級機智，所以，夠資格稱之為，是具有全方位，超能力，全天候，且又允文允武的革命軍人，一點也不為過，絲毫沒有誇張。

# 部隊訓練

特種作戰部隊的訓練，除應完成一般陸軍必須之訓練課程外，更需進一步完成未來執行游擊戰、政治戰、情報戰、組織戰四大作戰任務，必須具備各種技巧與本領，訓練工作十分重要，一年四季，永不停歇，始終如一，貫徹到底，嚴格要求，絕不馬虎。

特種作戰部隊隊員，必須具備「上天、下地、入水」之生存本領。因此，訓練工作必須達到下列要求，例如在陸地，必須擁有堅強意志，鍛鍊堅忍毅力、耐力、體力，懂得駕駛各種車輛，使用各式武器裝備，運用各種戰技戰法，善於野外求生，障礙超越技能，練就超人本領；在水中，必須懂得游泳、潛水、操舟、渡河、駕船、求生、練就兩棲作戰本領；在空中，必須懂得基本跳傘、特種地形跳傘、高空跳傘、輕航機、直昇機、運輸機駕駛，練就空中飛人本領。若將其比喻成為一支戰無不勝，攻無不克的鋼鐵隊伍，似乎一點也不誇張。

至於跳傘歷史的由來，簡單介紹如下，首先是由義大利學者魏藍奇奧先生，於一六一七年，在其著作中曾經提出跳傘的構想，是所謂的「先知先覺者」。之後再由義大利監獄人犯拉文先生，實現了這一構想，於是他在一六二八年間，利用雨傘繫上繩索自製降落傘，自獄堡一躍而下進行越獄，成為史上第一位跳傘成功的人，是所謂的「後知後覺者」。俄國退役砲兵軍官克傑尼柯夫中尉，於一九一一發明折疊傘具，最後不僅成為飛行員逃生的工具，也是當今世界各國傘兵共同所使用的傘具，也是所謂的「後知後覺者」之一。至於後來各國之傘兵部隊，則是所謂的「不知不覺者」。

特種作戰部隊的訓練，其中最為特別者，莫過於將官兵送進所謂「假想敵訓練中心」，接受解放軍式教育與訓練。在為期四週的教育訓練期間，官兵一律穿著解放制服，攜帶解放軍武器，配發解放軍裝備，實行解放軍禮節，過解放軍生活，講解放軍術語，學習解放軍文化，唱解放軍之歌，如中共的所謂國歌「義勇軍進行曲」，與北京奧運上唱的所謂「歌唱祖國」（五星紅旗迎風飄揚，勝利歌聲多麼響亮；歌唱我們親愛的祖國，從今走向繁榮富強……），受訓官兵必須能夠學會唱，就歌詞內容看來，自我期許甚高，其中「從今走向繁榮富強」部分，直到鄧小平時代，才開始改革推動，否則到了二十一世紀的今天，人民的生活情況，恐怕還是一窮二白。

## 主要任務

各國特種作戰部隊，成軍時間不一，目的不同，但不論東西雙方，部隊任務大概區分下列四項：第一、擔任國家的捍衛者，鞏固領導中心，確保國家安全，社會安定，人民安康。第二、擔任快速反應部隊，應付突發狀況，執行特殊任務，如營救被劫人質，營救敵後工作人員，營救被擊落飛行員，執行反恐戰爭。第三、支援海外游擊部隊生存發展，如南美洲國家，東南亞國家，中東國家，非洲國家等動亂之弭平，秩序之維持。第四、擔任開戰先鋒，於正規部隊展開登陸作戰前，空降至敵人後方，從事突擊、破壞、擾亂、顛覆活動，策應主力作戰，發揮「裡應外合」作用。

特種作戰部隊，因具有陸、海、空三棲性能，性質特殊，平時與戰時之隸屬關係也不一，例如在平時則屬於陸軍之一部分，由陸軍部門統一指揮節制，在形式上，與陸軍似乎沒什麼區別，但在實質上，確有極大差異。因在戰時，「特種作戰部隊」之運用，則歸由情報部門統一指揮節制，成為情報部門在敵後的武裝部隊，從事情報蒐集工作，或執行特種作戰任務，難怪被稱之為特種作戰部隊，實際上，不一樣就是不一樣。

特種作戰部隊隊員，負責執行特種作戰任務，實為最大之天職，責無旁貸，成功與否，在所不問，縱有犧牲，在所不惜。執行任務是否能夠成功，要看敵我情勢而定，實在難以預估，也沒絕對把握。至於任務難易，代價高底，影響大小，人員多寡，成功機率等，事先必須提出周詳計畫，並有充分準備，妥善編組，嚴格訓練，沙盤推演，情報研判，消息封鎖，任務整備，精神動員，士氣鼓舞等，均應力求盡善盡美，才能克敵致勝，圓滿達成任務。當然，如能採取「出奇不意，攻其不備」的行動方針，才是戰爭最高指導原則，也是執行特種作戰任務的重要關鍵，在作戰技巧方面，必須因勢利導，因時因地而制宜，才能一舉打敗敵人，贏得最後勝利。

## 具體貢獻

在冷戰時期，美、俄、英、法等國特種作戰部隊，經常奉派前往海外地區，執行特種作戰任務，或從事情報蒐集工作，曾經立下許多汗馬功勞，為自己國家民族，爭取不少光榮，因此各國「特種作戰部隊」足跡，幾乎遍及全球各地，其犧牲奉獻精神，自然不在話下，值得世人稱讚。

國軍特種作戰部隊，在兩岸對峙期間，基於「輸人不輸陣」的打拼精神，爭取在世界舞台上，能夠佔有一席之地，三不五時派遣隊員滲透大陸，前往中南半島，或滇緬邊區，執行有關情報蒐集工作，或執行特種作戰任務，雖付出許多代價，犧牲不少隊員，但卻完成無數艱鉅任務，讓世人了解，中華民國，無所不在，特種作戰部隊，無所不能。

特種作戰部隊隊員，在執行任務時，均能秉持冷靜、沉著、堅忍、樂觀態度，抱定視死如歸精神，適時透過各種管道，有效運用各種人際關係，充分掌握關鍵機會，巧妙使用特種作戰戰法及技巧，運用適當角色，加以掩護身分，終能克敵制勝，順利達成任務。

惟因「特種作戰部隊」執行任務地區，環境特殊，情勢險惡，經常面臨孤立無援窘境，一切必須依靠自己，赤手空拳，打天下，度難關，爭生存，求發展。尤在執行任務時，不論大陸，或東南亞地區，一般對我不甚友好，任務要在「秘密中進行」，「無形中完成」，一旦留下蛛絲馬跡，而暴露身分或企圖，或者不幸被俘，下場只有死路一條，其工作難度，及任務艱鉅，可想而知，因此，曾經犧牲無數隊員，塑造不少「無名英雄」，值得我全體同胞無限的追思與哀禱。

## 生存之道

特種作戰部隊隊員，執行特種作戰任務，必須滲透敵國境內，或潛入敵人後方，易暴露企圖，被敵人發現，加以圍困、孤立、攻擊、消滅，在著（登）陸初期，必須本著「先求生存，次求發展」之生存法則，保存有限兵力，再找適當機會，給敵人致命一擊，才能求得繼續發展。至於謀求生存之具體作為，必須遵守「不進村莊，不走道路」，「晝伏夜行，飄浮不定」，「行動秘密，神出鬼沒」，「不漏風聲，不留痕跡」，「來無影，去無蹤」之行動要領，才能立於不敗之地，達到「以少勝多，以寡擊眾」目的。

特種作戰部隊隊員，從事情報蒐集工作，更要遵守「不帶裝備、不攜資料、不留紀錄、不著痕跡」的工作要領，秉持「冷靜思考，沉著應戰，堅忍不拔，樂觀奮鬥」的工作態度，才能面對陌生環境，複雜情勢，凶狠敵人，應付突如其來危機，瞬息萬變局勢，及料想不到狀況，爭取主動地位，形成局部優勢，掌握制敵先機。另在執行任務過程中，必須膽大心細，步步為營，對其所見所聞，如人、事、時、地、物，要有過目不忘記憶本領，以便任務歸詢時，能加以回憶、追索、重整，彙集成所需情報資料，避免洩漏身分、暴露企圖，危及安全，影響任務之達成。

特種作戰部隊，性質特殊，任務艱鉅，在敵後進行情報蒐集工作，或執行特種作戰，必須講求戰略上要持久，戰術上要速決，戰鬥上要強悍，戰法上要靈活，不僅是生存發展的最高原則，也是消滅敵人，保存自己，消耗敵人，壯大自己，贏得勝利，達成任務之不二法門。

## 受限因素

特種作戰部隊隊員，執行特種作戰任務，並非想像中那麼地容易，原因是仍有許多主觀因素，與客觀條件的限制。第一、隊員需要嚴格挑選，並經專精教育訓練，費時、費錢，培養不易。第二、隊員進入目標區執行任務，其滲透過程，容易暴露行蹤，或企圖，遭致敵人干擾，或圍剿、而造成危害，或犧牲。第三、隊員前往任務地區，不論地面滲透，空降著陸，海上登陸，初期非常脆弱，容易被敵圍困、孤立、甚至消滅。第四、隊員滲透目標區後，由於人地生疏，容易洩漏身分，暴露企圖，生存不易。第五、隊員抵達目標區後，無法獲得後方支援，容易彈盡糧絕，最後不是被活逮，就是犧牲。第六、隊員在敵對區域執行任務，無法獲得我方任何支援，必須自力更生，運用有限武器裝備，發揮無限戰力，才能謀求生存發展。

不過，基於國防安全需要，不論任何危險或限制，對於執行敵後情報蒐集工作，或從事特種作戰任務，從不畏懼或退縮，縱然需要付出高昂代價，甚至造成人員犧牲，亦在所不惜，唯有如此，才能確保國家戰略目標之達成。

總之，我國武聖孫子曰：「兵者，國之大事，生死之地，存亡之道，不可不察矣。」證明國防建軍工作之重要性，吾人絕對不可等閒視之。

基於應付瞬間危機，及執行緊急任務需要，「特種作戰部隊」確有繼續存在之價值。因為「特種作戰部隊」，實際上，就俗稱「敢死隊」，而兩者之間，唯一差別在於，他是一支有組織，有勇氣，有鬥志，有智慧，有能力的武裝部隊，並非一群有勇無謀的武夫。

如今兩岸雖關係有所改善，中共的武力威脅相對減緩，但基於國家安全需要，我們除須重視基本的建軍工作外，更應儘速全面實施所謂「募兵制」，早日強化防衛性武力，將有限的兵力，打造成為一支小而精，小而能，小而強的快速反應部隊，有效維護台灣海峽的安定與繁榮，確保台澎金馬地區，繼續立於不敗之地。

# 撤軍回顧

所謂「一失足成千古恨，再回頭已是百年身」。原盤據在異域的反共游擊隊，本已處於穩定狀態，與緬甸軍隊之間，難得維持和平局面，唯因上級決策錯誤，公然製造挑釁舉動，讓緬甸政府在無法容忍情況下，基於維護領土與主權完整，最後做出兩項選擇，第一、向聯合國提出控訴案，控告我國運用游擊武力，侵犯緬甸領土與主權。第二、商請中共出兵協助圍剿異域游擊隊，將異域反共游擊隊趕出緬甸國境。徹底剷除我國在緬甸國境內的根據地，讓我國從此失去異域，歷經十年慘澹經營的根據地，斷送我國在中南半島最後的生存發展機會。

異域反共游擊隊撤出之後，給中南半島各國，帶來無窮的後遺症。異域反共游擊隊，居留在異域期間，就戰術層面上而言，對於中共等共產國家，表面上，似乎沒有產生多大的牽制作用，但在戰略層面上而言，確實具有決定性的嚇阻功能，使共產國際勢力，無法進一步對中南半島，展開顛覆赤化行動，一旦反共游擊隊撤出異域之後，中南半島各國先後遭受共產勢力的蹂躪，帶來無窮的後患，幾無寧日可言。我政府在國際壓力之下，斷然採取撤軍行動，將異域反共游擊隊撤回台灣，事實上，是國際社會一項錯誤的判斷，逼迫我國政府做出錯誤決策，後來也充分證明，當我國異域反共游擊隊撤出後，立即給中南半島各國，帶來的無窮後患。具體事實分別介紹如下，供請讀者參考。

## 就緬甸方面而言

我國異域反共游擊隊，撤出緬甸領土之後，緬甸政府在無任何顧忌因素下，迅速投向共產陣營懷抱，改走社會主義路線，實行一黨專政制度，採取軍事獨裁統治，推動國有化政策，限制人民生活自由，徹底排除異己，拒絕與西方民主國家繼續交往，也不願與各國之間，繼續維持文經交流，結果造成貧窮落後局面，甚至國家財政收入，國民所得，以及全國經濟發展情況，遠不如大英帝國殖民統治期間繁榮。緬甸人民經歷激烈抗爭，付出許多心血，甚至犧牲無數生命，期望能夠擺脫大英帝國殖民統治，開創共同美好的未來，可是爭取獨立白主之後，究竟給緬甸人民帶來什麼好處呢？

## 就泰國方面而言

異域反共游擊隊，撤出泰緬邊界之後，立即使泰國共產黨徒有機可乘，迅速在泰北山區，製造各種紛擾事件，顛覆叛亂活動，不斷進行恐怖破壞，經過泰國軍警部隊征戰多年，結果依舊無功而返，使得一向可以維持和諧安定局面的泰國社會，終於面臨嚴重的威脅與衝擊，所幸後來商請留在泰緬兩國邊界線上，第三軍及第五軍兩股反共游擊隊武力，出面協助征剿，雖然犧牲無數官兵性命，消耗無數的戰爭資源，最後終於將共黨游擊隊消滅，為泰國政府收復曾經一度失去的領土與主權，恢復人民安靜生活與自由，維持社會的安定與和平局面。

## 就寮國方面而言

異域反共游擊隊，撤出緬甸、寮國兩國邊境之後，導致寮國內部，立即遭受共產勢力威脅，到處進行顛覆破壞活動，國家面臨被赤化的命運，使寮國政府只能選擇靠邊站，實行所謂「社會主義路線」，聯合越南弟兄，成為中南半島上兩個典型的「社會主義國家」，結果帶來連年戰亂，犧牲軍民數以萬計，消耗國家所有財政資源，最後弄得民窮財盡，淪為落後國家之列。在越戰期間，越共游擊隊經常進入寮國境內躲藏，引來美軍戰機越界進行轟炸，其中最嚴重者莫過於，美軍轟炸機曾經投下數以萬計的「炸彈型地雷」，至今已經數十年過去，依然未能完全清除，三不五時還在各地造成民眾，以及生畜傷亡事件，讓寮國人民一直生活在水深火熱之中，國民生活苦不堪言，最後我國也斷送了與寮國之間，多年以來的友好關係。

## 就柬埔寨方面而言

異域反共游擊隊，撤出中南半島之後，讓共產勢力立即進入柬埔寨，迅速將柬埔寨帶入赤色國度，尤其是在赤棉極權恐怖統治期間，使用陰狠毒辣手段，進行清算鬥爭，舉凡燒殺擄掠等，幾乎無所不用其極，慘絕人寰的罪刑，足以讓各共產國家望塵莫及，造成數百餘萬高棉人民的犧牲，無數家庭流離失所，簡直宛如人間地獄一般。另在越戰期間，由於越共經常越境進入高棉境內躲藏，美軍除派出地面部隊進入高棉，實行清剿行動，結果造成高棉人民無謂之傷亡。美軍利用轟炸機投下數百萬噸「埋設型炸彈地雷」，試圖徹底消滅越共游擊隊，不料至今已有數十年之久，仍然無法全面清除戰爭期間埋設的地雷，讓柬埔寨人民，無時無刻遭受恐怖威脅，猶如生活在水深火熱中，經常面臨生死線上，其情況實在很悲慘。讓我國與柬埔寨之間，多年的友好關係，因此而中斷。

## 就越南方面而言

異域反共游擊隊，撤出中南半島之後，讓越共在無後顧之憂情況下，助長北越共產勢力大舉南侵信心，點燃南越境內遍地峰火，導致美軍全面介入，引發生靈塗炭，最後越共雖然終於完成全國南北統一大業目標，但是卻犧牲百餘萬軍民性命，導致民窮財盡，所付出之代價，實在非常的高。也造成五萬八千二百〇六位美軍官兵客死他鄉，數十萬美軍官兵受傷，損失了七千二百架戰機，在二十餘年的越南戰爭中，美國總計在每一秒鐘就得消耗掉一千元美金的代價。如果美國政府將這些經費用於國內社會福利，不僅可以改善國內窮人生活，也能嘉惠全球人類社會，那該是一件多麼美好的事！

不過，話又說回來，美國軍火商人，對此則有不同看法，也不贊成這種說法，原因是他（她）們喜歡戰爭，甚至他（她）們唯恐天下不亂，如果天下沒有紛亂，就沒有戰爭，沒有了紛亂，也沒有戰爭，他（她）們就沒機會混水摸魚，也無法趁火打劫，藉機大撈一把，所以總以應付戰爭為其藉口，趁機製造各種戰爭武器，提供全球人類進行殺戮，唯有各國之間，不斷發生戰爭與衝突，他（她）們才有機會賺錢，才能有利可圖，否則他（她）們那裡來的好處，那裡來的「吃、喝、玩、樂」生活享受。您說是嗎？

歷經二十餘年不求勝利的越南戰爭，事實上，早就難以招架，只是死要面子活受罪而已，不料最後還是敗下陣來，原因是美國已經自顧不暇，只好拋下南越政府及人民，一走了之，撒手不管，可是那些曾經為西方民主陣營，付出自己青春歲月的南越軍民，終於遭受無窮災難，飽嚐人世之間各種痛苦與折磨。由於美軍狼狽退出亞洲，不僅給西方民主陣營，失去誠信原則，也給中南半島各國帶來無窮的恐怖、暴力、衝突、血腥。我國也相繼喪失這個中南半島上，最後的友邦國家——越南民主共和國。

總之，不論任何國家的領導者，不能基於本國利益，自私自利，不肯釋出善意，分享既得利益，心中只想獨攬天下，成為一個世界老大，心中念茲在茲，始終不忘權力、地位、名分，最後只好獨排眾議，拒絕聽取人民意見，一意孤行，最後將給人民帶來失敗命運，走上不歸之路。否則，也不致使中南半島諸國相繼發生不幸悲劇，也不致讓異域反共游擊隊，撤出緬甸領土，進入寮國之後，再沒機會重新回到緬甸，更讓我國從此喪失在緬甸擺邦，歷經千辛萬苦建立的反共游擊基地，也給中南半島各國製造歷史悲劇，此種錯誤決策，除讓西方民主陣營失去在中南半島上，生存發展機會，也斷送西方民主陣營在亞洲的經營成果，更陷中南半島國家與人民於不義，這就是最好的見證，相信國際社會所做出的這項錯誤決策，將給中南半島上的國家與人民，留下永久的傷痛、無奈、遺憾！

# 筆者後記

我們中國人有句成語所謂「有始有終」，也有一句諺語所謂「有頭有尾」。因此，在介紹本班九族戰士之後，筆者仍想繼續補充說明，本班為何解散？如何離開異域？戰士們回國之後，究竟從事何種職業？目前是否安在？等等，繼續向讀者補充說明如下。

本班九族戰士，究竟是為何解散的呢？其原因有二：第一、本班原來隸屬部隊「怒江縱隊」，上級長官基於階段性任務已經達成，單位必須予以解散，全體官兵併入其他部隊。第二、本班長榮獲上級肯定，調升分隊長職務，並獲得保送陸軍步兵學校初級班「江拉分校」帶職進修。

本班解散之後，九族戰士全部編入異域反共游擊隊，第九師第二十八團。隨後經歷多次跟共、緬聯軍之間的基地爭奪戰，本班九族戰士還算幸運，都能全身而退，這都得感謝神的護佑和照顧。

本班九族戰士，編入新單位之後，繼續維持以往團隊的親愛精誠，服從命令，團結合作，盡忠職守，相互照顧，彼此扶持，圓滿達成上級所交付的各項任務。最後遵照上級長官命令指示，跟隨國雷案同袍，離開異域反共游擊基地，全部撤回祖國台灣。

本班九族戰士，隨軍撤回祖國台灣之後，由於大多年齡都已超過十八歲（年齡在十八歲以下可以獲准進入文學校就學讀書），必須繼續留在軍中服務，擔任保國衛民的任務。不過本班九族戰士，其中大多數人很榮幸地，被編入特戰部隊，有的被編入陸軍空降部隊，有的被編入海軍陸戰隊，證明本班九族戰士，經得起各種艱苦困難的考驗與磨練。

本班九族戰士，多屬於所謂「二年級生」，經過半世紀的人生歲月，他們終於無法繼續再跟時間賽跑，少數人已經消失於無形。本班九族戰士，如今仍然健在者，包含本班長在內，僅剩下五位，其餘五族戰士都已回歸天國，本班長希望五位回歸天國的同胞、袍澤、戰友：安息吧！所以，本班原來「九又二分之一」的組合編制員額，只剩下「四又二分之一」，讓本班長感到不甚唏噓！

本班先後有五族勇士，已經回歸天國，不過其中四位，在回歸天國之路上，走得很不自然，也非死得其所，實在很不值得。因為他們既非死於戰爭，也非死於訓練，而是死於非命，死於人禍。其中第一位，只因被女友拋棄，因一時想不開，而選擇自殺身亡，了斷自己的寶貴生命。第二位，不幸因妻子紅杏出牆，不料竟然合同外人將其親夫謀害，讓他死不瞑目。第三位，是因獨子遭到歹徒誤殺，他既不提出告訴，也不要求賠償，而是採取激烈手段，使用「以暴制暴」方式，與兇嫌同歸於盡，結束自己傳奇的人生。他學到四川諺語所謂：「人不惹我，我不惹人，人惹了我，我不饒人」。第四位，退伍之後，前往緬甸探親，唯因一時缺乏警覺性，竟敢告訴家鄉親友，自己隨軍撤退來台之後，曾在特戰部隊服役，消息被緬共探聽到之後，在夜深人靜之際，暗中將他殺害，無謂丟了性命，結束曾經風光一時的人生歲月。

由以上四個案例，證明我們所謂「自由、民主、法治」的社會，似乎也出了問題，或許是也生病了，他們雖然回國半個世紀，並在台灣落地生根，但依然有少數人，無法完全適應文明時代的來臨，跟隨社會變遷腳步，一旦遇到緊急情況或衝突，仍舊缺乏招架之力，最後不幸倒了下去，讓我感到無限的惋惜！或許怪我沒有把他們調教好，也沒能把他們照顧好，以致造成這樣的悲劇與結局，真不明瞭他們撤回祖國台灣，究竟是對呢還是錯？

最後謹對退役海軍陸戰隊少將蔣少良將軍、退役陸軍少將普漢雲將軍、退役軍醫上校郁慕明教授、退休中研究副研究員覃怡輝博士等賜予推薦序，表達由衷之謝忱！

# 參考書目

網路資訊：

Google全球網路資訊「維基百科~自由的百科全書」

Google全球網路資訊「百度百科」

Google全球網路資訊「互動百科」

書籍：

李學華《走過金三角》秀威科技出版（二〇〇八）。

《孫子兵法》國防部（一九六三）。

《特種作戰手冊》國防部（一九六七）。

《國軍特種部隊敵後政治作戰》國防部（一九六一）。

《游擊戰與特種部隊作戰》國防部（發行年份不詳）。
《特種部隊心理作戰》特種部隊司令部（一九五八）。
《特種部隊教戰手冊》特種部隊司部（一九六一）。
《近代中外各國游擊戰與反游擊戰原則》武漢部隊（一九六五）。
《特種作戰與戰地政務》國防部（發行年份不詳）。

文獻：

李學華《雲南文獻四十期》台北市雲南省同鄉會（二〇一〇年十二月）。

文化傳承：

瑪欣德尊者《南傳佛教近況之簡介》（二〇一一）。

血歷史62　PC0415

新銳文創
INDEPENDENT & UNIQUE

# 九個民族在一班

| | |
|---|---|
| 作　　者 | 李學華 |
| 責任編輯 | 蔡曉雯 |
| 圖文排版 | 周好靜 |
| 封面設計 | 秦禎翊 |

| | |
|---|---|
| 出版策劃 | 新銳文創 |
| 發 行 人 | 宋政坤 |
| 法律顧問 | 毛國樑　律師 |
| 製作發行 | 秀威資訊科技股份有限公司<br>114 台北市內湖區瑞光路76巷65號1樓<br>電話：+886-2-2796-3638　傳真：+886-2-2796-1377<br>服務信箱：service@showwe.com.tw<br>http://www.showwe.com.tw |
| 郵政劃撥 | 19563868　戶名：秀威資訊科技股份有限公司 |
| 展售門市 | 國家書店【松江門市】<br>104 台北市中山區松江路209號1樓<br>電話：+886-2-2518-0207　傳真：+886-2-2518-0778 |
| 網路訂購 | 秀威網路書店：http://www.bodbooks.com.tw<br>國家網路書店：http://www.govbooks.com.tw |

| | |
|---|---|
| 出版日期 | 2014年9月　BOD一版 |
| 定　　價 | 330元 |



**Printed in Taiwan**

國家圖書館出版品預行編目

九個民族在一班 / 李學華著. -- 一版. -- 臺北市 : 新銳文創, 2014.09
面 ; 公分. -- (血歷史 ; PC0415)
BOD版
ISBN 978-986-5716-24-0 (平裝)

1. 國民革命軍 2. 軍事史 3. 中華民國

596.8 103014844

# 讀者回函卡

感謝您購買本書，為提升服務品質，請填妥以下資料，將讀者回函卡直接寄回或傳真本公司，收到您的寶貴意見後，我們會收藏記錄及檢討，謝謝！如您需要了解本公司最新出版書目、購書優惠或企劃活動，歡迎您上網查詢或下載相關資料：http:// www.showwe.com.tw

您購買的書名：＿＿＿＿＿＿＿＿＿＿＿＿＿＿＿＿＿＿＿＿

出生日期：＿＿＿＿年＿＿＿＿月＿＿＿＿日

學歷：□高中（含）以下　□大專　□研究所（含）以上

職業：□製造業　□金融業　□資訊業　□軍警　□傳播業　□自由業

□服務業　□公務員　□教職　□學生　□家管　□其它＿＿＿

購書地點：□網路書店　□實體書店　□書展　□郵購　□贈閱　□其他

您從何得知本書的消息？

□網路書店　□實體書店　□網路搜尋　□電子報　□書訊　□雜誌

□傳播媒體　□親友推薦　□網站推薦　□部落格　□其他＿＿＿＿＿

您對本書的評價：（請填代號　1.非常滿意　2.滿意　3.尚可　4.再改進）

封面設計＿＿　版面編排＿＿　內容＿＿　文／譯筆＿＿　價格＿＿

讀完書後您覺得：

□很有收穫　□有收穫　□收穫不多　□沒收穫

對我們的建議：＿＿＿＿＿＿＿＿＿＿＿＿＿＿＿＿＿＿＿＿

＿＿＿＿＿＿＿＿＿＿＿＿＿＿＿＿＿＿＿＿＿＿＿＿＿＿

＿＿＿＿＿＿＿＿＿＿＿＿＿＿＿＿＿＿＿＿＿＿＿＿＿＿

＿＿＿＿＿＿＿＿＿＿＿＿＿＿＿＿＿＿＿＿＿＿＿＿＿＿

請貼
郵票

11466
台北市內湖區瑞光路 76 巷 65 號 1 樓
**秀威資訊科技股份有限公司** 收
BOD 數位出版事業部

（請沿線對折寄回，謝謝！）

姓　　名：＿＿＿＿＿＿＿＿＿　年齡：＿＿＿＿　性別：□女　□男

郵遞區號：□□□□□

地　　址：＿＿＿＿＿＿＿＿＿＿＿＿＿＿＿＿＿＿＿＿

聯絡電話：（日）＿＿＿＿＿＿＿＿＿＿（夜）＿＿＿＿＿＿＿＿＿＿

E-mail：＿＿＿＿＿＿＿＿＿＿＿＿＿＿＿＿＿＿＿＿